Carl-Auer

Ralph Grossmann · Günther Bauer · Klaus Scala

Einführung in die systemische Organisationsentwicklung

Dritte Auflage, 2023

Umschlaggestaltung: Uwe Göbel
Satz: Verlagsservice Hegele, Heiligkreuzsteinach
Printed in Germany
Druck und Bindung: CPI books GmbH, Leck

MIX
Papier | Fördert gute Waldnutzung
FSC
www.fsc.org
FSC® C083411

CPI klimaneutral
Mehr Bäume.Weniger CO_2

Dritte Auflage, 2023
ISBN 978-3-8497-0056-0 (Printausgabe)
ISBN 978-3-8497-8278-8 (ePub)

Bibliografische Information der Deutschen Nationalbibliothek:
Die Deutsche Nationalbibliothek verzeichnet diese Publikation in der Deutschen Nationalbibliografie; detaillierte bibliografische Daten sind im Internet über http://dnb.d-nb.de abrufbar.

Informationen zu unserem gesamten Programm, unseren Autoren und zum Verlag finden Sie unter: **https://www.carl-auer.de/**.
Dort können Sie auch unseren Newsletter abonnieren.

Carl-Auer Verlag GmbH
Vangerowstraße 14 • 69115 Heidelberg
Tel. +49 6221 6438-0 • Fax +49 6221 6438-22
info@carl-auer.de

Inhalt

1 Aktualität und Tradition der Organisationsentwicklung

1.1 *Die Welt der Organisationen in Veränderung*

Wir leben in einer Gesellschaft von Organisationen. Der hohe und rasch wachsende Organisationsgrad ist ein herausragendes Merkmal der entwickelten Industrie- und Dienstleistungsgesellschaften und auch aller Gesellschaften im Übergang. Gesellschaftliche Problemlagen und auch die meisten persönlichen Problemstellungen werden in und von Organisationen bzw. Netzwerken von Organisationen bearbeitet und beeinflusst.

Die individuelle Entfaltung ist nachhaltig von Organisationen geprägt. Wir verbringen nicht nur einen Großteil unserer Lern- und Arbeitszeit in Organisationen, sondern sind auch auf Entscheidungen, Regelungen und Dienstleistungen von Organisationen in allen Teilen unseres Lebens angewiesen. Unsere soziale Identität wird wesentlich durch die Zugehörigkeit zu Organisationen geprägt.

Diese Steigerung des Organisationsgrades hat die Kapazität der Gesellschaften, Probleme zu bearbeiten, enorm gesteigert. Gleichzeitig werden dadurch neue Problemlagen geschaffen, die wiederum nur organisationsförmig zu bewältigen sind (vgl. Wimmer 1995; Grossmann u. Heintel 2000). Die zunehmende Spezialisierung und Selektivität der Organisationen beschleunigt die Entstehung neuer Organisationen und schafft gleichzeitig auch einen wachsenden Bedarf an bereichsübergreifender Koordination. Die Gesellschaft ist in ihrer Leistungs- und Entwicklungsfähigkeit von der Veränderungsfähigkeit der in ihr operierenden Organisationen abhängig geworden.

Für die Menschen ist Organisationskompetenz zweifellos zu einer Schlüsselqualifikation für die erfolgreiche Bewältigung beruflicher Herausforderungen, aber auch für die Beteiligung im gesellschaftlichen Leben geworden.

Für die sich beschleunigende Ausdifferenzierung der Welt von Organisationen gibt es viele Treiber, voran die Globalisierung der Wirtschaft mit dem rasch expandierenden Wirtschaftssystem der Schwellenländer. In diesen Ländern wächst nicht nur der Wirtschaftssektor, auch die staatlichen Organisationen sehen sich mit sprunghaft wachsenden Anforderungen konfrontiert, von der Bildungs- bis zur Umweltpolitik. Der rasch wachsende Bedarf an qualifizierten Arbeitskräften und neuen Lebensperspektiven treibt die Ausdifferenzierung des Bildungs- und Wissenschaftssystems voran und macht eine neue Sozialpolitik notwendig. In den entwickelten Gesellschaften hat sich in den letzten Jahrzehnten ein rasanter Umbau der Organisationen vollzogen, die öffentliche Leistungen erbringen. Gesundheitsversorgung, soziale Dienstleistungen, Wissenschaft, Kulturproduktion wurden aus der unmittelbaren staatlichen Verwaltung ausgegliedert und in selbstständigen Unternehmen organisiert. Die zivilgesellschaftlichen Organisationen sind nicht nur der Sektor mit der höchsten Wachstumsrate, sie wirken auch als Innovationssystem. Sie ergänzen das Angebot des politisch-administrativen Systems, entwickeln neue Angebote, stärker von den Bedürfnissen der Klienten[1] ausgehend als Ausdruck gesellschaftlicher Selbstorganisation. Darüber hinaus thematisieren sie gesellschaftliche Problemzonen und bringen unterprivilegierte Interessen zur Sprache.

Die Gestaltung der internationalen Beziehungen, die Regulierung des Welthandels, die politisch-diplomatische Bearbeitung von internationalen Konflikten und Krisen bis zur Arbeit an globalen Themen wie Klimaschutz, Migration, Ernährung haben hochgradig ausdifferenzierte Organisationen und Verhandlungsregime hervorgebracht, einen Sektor, in dem staatliche, supranationale Organisationen und NGOs zusammenarbeiten.

Die skizzierten Entwicklungen haben zu einer sehr stark differenzierten und vielfältigen Organisationslandschaft geführt.

---

1 Im Sinne der leichteren Lesbarkeit wird auf geschlechtsspezifische Formulierungen verzichtet. Selbstverständlich beziehen sich alle gewählten personenbezogenen Bezeichnungen auf beide Geschlechter.

Kaum ein gesellschaftliches Entwicklungsthema kann von einer Organisation alleine bearbeitet werden. Von der Integrations- und Arbeitsmarktpolitik über Regionalentwicklung und Finanzmarktaufsicht bis zur Gesundheitsversorgung und den sozialen Dienstleistungen sind Organisationen ganz unterschiedlichen Typs tätig. Sie operieren auf unterschiedlichen rechtlichen Grundlagen mit verschiedenen professionellen Traditionen und in einem Mix von öffentlichen und privaten Investitionen und Beauftragungen.

Die Organisationen stellen füreinander eine turbulente Umwelt dar. Sie agieren als Konkurrenten und setzen Rahmenbedingungen für das Handeln von anderen Organisationen wie die staatliche Gesetzgebung, internationale Finanzierungs- und Förderprogramme sowie internationale Verhandlungsregime. Sie versuchen aufeinander Einfluss zu nehmen durch Lobbying oder im Rahmen von Kooperationen.

Wenn Organisationen in einer systemtheoretischen Perspektive mit ihren relevanten Umwelten als Überlebenseinheit begriffen werden, dann sind (post)moderne Organisationen mit einer äußerst vielfältigen Umweltsituation konfrontiert. Die Selektion der relevanten Umwelten und die Auseinandersetzung mit diesen ist ein Schlüssel für den Erfolg und das Überleben der Organisationen geworden. Die Fähigkeit zur Veränderung ist für die Organisationen und ihre Mitglieder eine Erfolgsvoraussetzung.

Organisationsentwicklung hat Konjunktur: *erstens* für die innere Entwicklung von Organisationen, *zweitens* für die Kooperation mit anderen Organisationen und *drittens* für die Einflussnahme von zivilgesellschaftlichen Organisationen und sozialen Bewegungen auf öffentliche und private Organisationen.

1.2 Organisationsentwicklung als besonderer Typus sozialer Interventionen

Organisationsentwicklung (OE) ist eine Methode zur geplanten Veränderung größerer sozialer Systeme. Im Ensemble aller möglichen Formen, mit Organisationen umzugehen bzw. sie zu verändern, ist OE eine vergleichsweise junge Erscheinung – sie entstand kurz nach dem Zweiten Weltkrieg in den USA (vgl. Abschn. 1.3). Sie nimmt ein qualitätsvolles, quantitativ kleines, jedoch wachsendes Segment ein.

Um die Besonderheit dieser Methode besser in den Blick zu bekommen, kann mithilfe relevanter Unterscheidungen ein grober Überblick über wichtige in der Geschichte bislang praktizierte Veränderungsmethoden dienen:

Veränderung/dynamisches Gleichgewicht: Geläufig in der Alltagssprache ist die Unterscheidung zwischen Veränderung und Nicht-Veränderung (Beharren). Aus systemischer Sicht sind alle sozialen Systeme dynamisch, manche versuchen dabei ein Gleichgewicht aufrechtzuerhalten und sich nicht zu verändern, bei anderen wird mehr oder weniger konzeptgeleitet verändert. Es ist daher treffender, zwischen *Veränderung* und *dynamischem Gleichgewicht* zu unterscheiden. Damit wird der Blick darauf frei, auf welche Weise Organisationen den Status quo aufrechtzuerhalten suchen. Organisationen müssen, um zu überleben, *sowohl* Veränderungen im Blick haben *als auch* Kontinuität und *dynamisches Gleichgewicht* beachten.

Gewalt/Konsens: Blickt man auf die gesamte Landschaft von Veränderungstypen, so entdeckt man rasch die Differenz zwischen mehr oder weniger gewaltförmigen Methoden und solchen, die nach besten Möglichkeiten den Konsens unter den Betroffenen anstreben. Krieg, Terrorismus, diktatorische Verhältnisse in der Politik, Ausbeutung und Zwangsarbeit, aber auch »friedenssichernde« Militär- oder Polizeigewalt füllen die Liste von Methoden zur Steuerung sozialer Systeme mit dem Einsatz von expliziter Gewalt.

Am anderen Pol steht der Konsens; dazwischen liegt die Mehrheitsentscheidung. Für die OE ist Konsens eine »regulative Idee«, die nicht immer lückenlos umgesetzt werden kann, aber die sich sehr empfiehlt, um hohe Qualität und breite Akzeptanz zu erzielen.

Top down/bottom up: Ob Veränderungsvorhaben von der Führung (Hierarchie, Gesetze) vorgegeben oder von den Mitarbeitern, der »Basis« initiiert, beeinflusst und mitgestaltet werden, ist eine entscheidende Differenz. Eine von der Spitze durchgezogene Veränderung verspricht zunächst einen geringeren Kommunikationsaufwand, jedoch mit dem Risiko mangelnder Akzeptanz und damit mangelhafter und kostspieliger Umsetzung. Dieser Typus der hierarchischen Steuerung hat in der Geschichte bis heute eine lange Tradition, wenn auch seine Leistungsfähigkeit den zunehmend komplexen Anforderungen nicht gewachsen ist. Mit dem Terminus *Changemanagement* wird meist ein elaboriertes und weitverbreitetes Konzept für Veränderung bezeichnet, bei dem – der Logik der Hierarchie folgend – die Führung die Ziele, den Ressourceneinsatz sowie den Zeit- und Umsetzungsplan vorgibt. Es wird jedoch im Unterschied zur bloßen *Anordnung von Veränderungen* dem gesamten Veränderungsprozess spezielle Aufmerksamkeit gewidmet und mit eigener Projektstruktur und oft auch mit Unterstützung externer Beratung umgesetzt.

Die Einbindung aller Führungsebenen und vieler Mitarbeiter wird in Organisationen wichtig und unverzichtbar, wo die Qualität des Produkts bzw. der Dienstleistung in hohem Maße von der Expertise und der Leistungsbereitschaft der Beschäftigten abhängig ist (Mintzberg 1992; Grossmann, Pellert u. Gotwald 1997; Grossmann u. Janes 2004). Fachlich und sozial am effektivsten ist sicher ein »Sowohl top down als auch bottom up«-Ansatz. *Organisationsentwicklung* als Veränderungskonzept zeichnet sich gerade dadurch aus, dass sowohl die Führung als auch die Mitarbeiter wichtige Rollen im Veränderungsprozess übernehmen. In der OE geht es um selektive Partizipation mit gut fundierten Auswahlkriterien und differenzierten Verfahren der Einbindung. Dieses Konzept der OE kann auch als *Veränderung von innen* beschrieben werden, im Gegensatz zu importierten Expertenlösungen *von außen,* wie im *Changemanagement.*

Rasche Lösung/Nachhaltigkeit: Veränderungen werden in Organisationen meist aus der Not akuter Problemlagen geboren – mit einem entsprechenden Zeitdruck. Daraus resultiert ein

Hang zu raschen Lösungen. Risiken dabei sind die unbeabsichtigten und übersehenen Nebenfolgen, die als neue, selbst verursachte Probleme die positiven Folgen oft übertrumpfen. OE ist auf nachhaltige Lösungen ausgerichtet und vermeidet es daher, dem Drängen auf rasche Lösungen auf Kosten von gründlicher Reflexion nachzugeben.

In der Liste möglicher Methoden zur Veränderung darf die *Gründung* von Unternehmen und Organisationen nicht fehlen. Eine besondere Form eines Veränderungsprozesses stellt die *Subversion* dar. Im Unterschied zur *Revolution* (gewaltförmig, bottom up) wird sie nicht ausgerufen, sondern operiert verdeckt. Sie stellt den »Kontext bestehender Regeln des Systems in Rechnung ... und nutzt« ihn, »um die Regeln des Systems zu ändern«. (Simon 2013, S. 185). Als Beispiel können manche Kampagnen von Greenpeace dienen, wo die Aktivisten nicht gegen das System (Staat) operieren, sondern als Anwälte und selbst ernannte Vertreter, z. B. des Umweltministeriums, agieren (vgl. Simon 2013, S. 190).

Mithilfe dieser Differenzen können die jeweiligen Stärken und Limitierungen bestimmter Veränderungskonzepte für ganz bestimmte Veränderungsvorhaben diagnostiziert bzw. auch neue Konzepte entwickelt werden. Die Gegenwart ist in besonderer Weise durch einen Boom an unterschiedlichen Sozialinterventionen und entsprechenden innovativen Modellen komplexer Formen der Zusammenarbeit charakterisiert. Immer mehr gesellschaftliche Aufgaben werden heute nicht von einer Organisation bearbeitet, sondern es braucht differenzierte und für die beteiligten Organisationen tief greifende Kooperationsstrukturen zwischen Organisationen (vgl. Austin 2000; Grossmann, Lobnig u. Scala 2007; Huxham a. Vangen 2005). Netzwerke und die Möglichkeiten virtueller Kommunikation haben die »nächste Gesellschaft« (vgl. Baecker 2007) eingeläutet und die Gestaltungsmöglichkeiten von organisationaler Kommunikation, aber auch deren Gestaltungsnotwendigkeit drastisch vorangetrieben.

Eine besonders bedeutsame Entwicklung ist das rasche Wachstum *zivilgesellschaftlicher Organisationen* (vgl. Abschn. 1.1). Hier entsteht ein neuer Erfahrungs- und Experimentierraum, wie erfolgreich in die Gesellschaft interveniert werden kann. Und damit auch ein Bedarf, das Wissen darüber weiterzuentwickeln. Die Globalisierung und die verstärkte internationale Kooperation machen Cultural Diversity zu einer Standardaufgabe auch in OE-Projekten. Und sie vermehrt den Kreis jener, die an einer professionellen Bearbeitung von OE-relevanten Aufgaben im interkulturellen Kontext interessiert sind.

Bei all diesen Entwicklungen kann die OE mit einem Interventions-Know-how und Umsetzungserfahrungen aufwarten, die sich in mehr als einem halben Jahrhundert entwickelt haben. Zugleich stellen die genannten Entwicklungen eine lohnende Herausforderung für die OE dar, ihr Wissen entsprechend weiterzuentwickeln.

Zu beleuchten ist auch das Verhältnis von OE zu anderen Unternehmensprozessen bzw. Managementtools: *Strategie, Controlling, Qualitätsmanagement, Prozessmanagement, Personalmanagement, Downsizing (z. B. Schließung von Organisationen).* Sie entfalten erst durch die Einbettung in den Ansatz der systemischen OE ihre volle Wirkung. Die Anwendung von Prinzipien der systemischen OE ist bei den genannten Unternehmensprozessen für den Erfolg notwendig. Sie sorgt für passende Kommunikationsstrukturen, stellt ausreichend Raum und Zeit für Beteiligungsprozesse zur Verfügung und erreicht damit hohe Ergebnisqualität und größtmögliche Akzeptanz für die Umsetzung (vgl. Kap. 3 und 4).

Wer kann Know-how in OE gebrauchen?

Mit diesem Blick auf die vielfältige Landschaft innovativer Kreation und Gestaltung von sozialen Systemen erweitert sich der Kreis jener Personen, die sich auf der Basis eines Konzepts und systematisch mit Veränderung beschäftigen. Zugleich steigen die fachlichen Ansprüche an jene, die schon bislang mit dem Management von Veränderungsprozessen professionell befasst waren.

Unser Buch wendet sich daher primär an Führungskräfte oder solche, die dies werden wollen. Als Einführungsbuch ist es explizit darauf ausgerichtet, auch all jenen, die aus anderen

Rollen heraus mit Organisationsentwicklung befasst sind, eine fachlich fundierte Grundlage zu bieten. Dazu gehören Berater, Stabstellen in Funktionen wie OE, Personalmanagement bzw. Human Resource Development, Qualitätsmanagement, Projektleitung. Es zählen jedoch auch jene zu unserem Adressatenkreis, die haupt- oder ehrenamtlich in Tätigkeiten aktiv sind, in denen die Veränderung und Entwicklung von sozialen Systemen ein wichtiger Bestandteil ist.

Der Praxisorientierung der OE folgend werden konzeptbezogene und theoretische Inhalte durch Praxisbeispiele illustriert, getragen von der Einsicht, dass sich Theorien durch ihre Praxisrelevanz bewähren.[2]

1.3 Geschichte der Organisationsentwicklung – Gesellschaftsreform praktisch

Organisationen entwickeln sich, seit es sie gibt, also seit gut 5000 Jahren. Ihr Werden, Wachsen, Bestehen und Vergehen ist seit jeher Gegenstand historischer Forschung, doch wir nennen dies nicht Organisationsentwicklung. Dieser Begriff bezeichnet die systematische Generierung von Wissen, den Wandel in und zwischen Organisationen konzeptgeleitet und gezielt zu gestalten. Charakteristisch für die Organisationsentwicklung ist die Verknüpfung von Forschung und einem professionellen Selbstverständnis von Managern und Beratern für ihre Art und Weise, Veränderungen in Organisationen zu gestalten und umzusetzen. Entstanden ist dieser Begriff in den Jahren nach dem Zweiten Weltkrieg in den USA. Rückblickend kann man fünf Stränge identifizieren, wobei wir hier den angloamerikanischen Kulturkreis und den deutschen Sprachraum als die wichtigsten Regionen für die OE-Tradition fokussieren. Die Auflistung benennt Phasen, teilweise laufen die Stränge, wie noch gezeigt wird, auch parallel:

2 Im Nachwort finden Sie Angaben darüber, aus welchen Quellen sich unsere Erkenntnisse speisen.

1) Gruppendynamik – Veränderung durch Re-edukation
2) Aktionsforschung und Survey-Feedback
3) Soziotechnischer Systemansatz
4) Die Wiedereinführung der Organisation in die Organisation
5) Systemische Organisationsentwicklung

Gruppendynamik – Veränderung durch Re-edukation

Der Zweite Weltkrieg und der Holocaust hatten bei manchen Sozialforschern in den USA nicht nur einen unmittelbaren Schock ausgelöst, sondern große Zweifel und Bedenken an der Stabilität demokratischer Gesellschaften aufkommen lassen. Eine Schlüsselrolle in der Anfangsphase spielte dabei der deutsche Gestalt- und Sozialpsychologe Kurt Lewin. Er weilte 1933 in den USA und entschied sich, angesichts der Machtübernahme durch die Nazis nicht mehr nach Deutschland zurückzukehren und sich in den USA beruflich zu etablieren. Ab 1944 bis zu seinem Tod 1947 arbeitete er mit einem Team am Massachusetts Institute of Technology (MIT) in einem für ihn eingerichteten »Research Center of Group Dynamics«. Bestimmend war das Anliegen, Methoden zu finden, um demokratische und humane Werte besser und tiefer zu verankern, als dies bislang geglückt schien. Lewin und der Gruppe um ihn war klar, dass politische und normativ-erzieherische Bemühungen zu kurz greifen würden und auch selbst Teil des Problems sein konnten, war es doch gerade die ideologische und wertebetonte Beeinflussung der Menschen, die das unfassbar Barbarische ermöglicht und befördert hatte. Sie sahen sich daher auch selbst als Sozialwissenschaftler und Sozialpsychologen gefordert, aus ihrer Disziplin heraus einen Beitrag zu leisten. Eine bessere Verankerung einer »demokratischen« Kultur sollte daher durch Trainings dazu führen, dass entsprechende *Verhaltensweisen* erlebt, geübt und verinnerlicht werden: aushandeln, beobachten und thematisieren von relevanten Unterschieden in Gruppen, wahrnehmen und lösen von Konflikten u. a.

Ihre Erfahrungen als Sozialpsychologen haben die Wahrnehmung dafür geschärft, dass das Verhalten von Individuen sowohl durch die eigene Persönlichkeit und deren Geschichte als auch durch den jeweiligen sozialen Kontext determiniert wurde. Die wissenschaftliche Fundierung und Theoriebildung musste sich systematisch der Aufgabe stellen, die Kopplung zwischen Individuen und sozialen Systemen genau in den Blick zu nehmen.

> »Lewin prägte die sozialwissenschaftliche Feldtheorie ... Es sind sowohl Elemente der Person (Wissen, Persönlichkeit, Motivation) als auch der Umwelt (soziale, gesellschaftliche Situationen, Erwartungen), die in einem je spezifischen Zusammenwirken ein konkretes Verhalten determinieren« (Lobnig u. Grossmann 2013, S. 26).

Verhalten ist daher eine Funktion von Person und sozialer Umwelt: $V = f(P, U)$

An diesem Punkt verhalf eine Erfahrung aus der praktischen Arbeit der Theorie zu ihrem methodischen Durchbruch: Bei einem Training von *»community leaders«* durch die Forschergruppe mischten sich die Teilnehmer in die allabendliche Besprechung der Forscher und beteiligten sich so an der Reflexion und Auswertung des Trainingsgeschehens. Plötzlich fanden sich alle in der Rolle der Beobachter ihres eigenen Prozesses und waren somit Forscher und Beforschte zugleich. Dieses Setting erwies sich als so fruchtbar, dass es als »Trainings-Gruppe« *(T-Group)* in die Fortbildungen für Führungskräfte, Pädagogen und anderer mit Leitungsaufgaben befasster Berufsrollen Eingang fand und bis heute in mehreren Erdteilen eingesetzt wird. Die »Trainings-Gruppe« verknüpft in gelungener Weise Person und soziales System. Jeder Lernschritt und jede Verhaltensveränderung einer Person führt zu Reaktionen in der Gruppe. Beziehungen werden bekräftigt oder verändert, Vorschläge aufgegriffen oder verworfen, die Gruppe verändert sich. Gemeinsam können und müssen die Gruppenmitglieder ihre soziale Situation besprechen, gestalten, verändern: Interaktionen, Beziehungen, Machtstrukturen, Entscheidungen, Aktivitäten. Die Gruppenmitglieder gewinnen gemeinsam Kontrolle über das soziale Geschehen. Dies bewirkt wiederum eine Veränderung der individuellen Motivationslagen und Verhaltensweisen. Das Lernen von Personen wird mit dem

Lernen des sozialen Systems verknüpft. Dies sollte ein Grundpfeiler der Organisationsentwicklung werden.

In der Folge wurde das »National Training Laboratory in Group Development (NTL)« in Bethel, Maine, gegründet, das über viele Jahrzehnte *T-Group Laboratories* veranstaltete und dies bis zum heutigen Tag tut. Es wandte sich in erster Linie an Führungskräfte *(leaders)*, um sie als Teamleiter zu qualifizieren und ihre Rolle in Veränderungsprozessen in ihren Organisationen zu verbessern. Durch diese Ausrichtung auf Personen, die aus verschiedenen Organisationen kamen, wurde das Programm als *»re-educational«* bezeichnet – allerdings mit Kopplung von Person und sozialem System im Trainings-Setting (vgl. Bradford, Gibb u. Benne 1972, S. 5). Anfang der 50er-Jahre des vorigen Jahrhunderts wurde explizit ein konkreter Schritt in Richtung Organisationsentwicklung getan, als man in mehreren Unternehmen (Union Carbide, Esso Standard Oil, General Mills) Trainingsgruppen durchführte. Die Teilnehmer waren aus demselben Betrieb und konnten die Lernerfahrungen direkt für ihre Zusammenarbeit im Unternehmen umsetzen. Die Verknüpfung von Person und System wurde so stärker realisiert. In diesem Zusammenhang trat auch zum ersten Mal der Begriff *organization development* auf (Cummings a. Worley 2001, S. 8). Mittlerweile waren die Anwendungsfelder dieser neuen Disziplin bereits breit gestreut: Community Work, Wirtschaft, Pädagogik, Wissenschaft.

Heute sind Trainings-Gruppen-Seminare als Elemente in organisationalen Veränderungsprozessen selten geworden, da die Bearbeitung der konkreten Kooperationsaufgaben in Organisationen sowohl in der personellen Zusammensetzung als auch in der Auswahl der zu bearbeitenden Themen einen sehr speziellen und komplexen Zuschnitt braucht, der mit dem Trainings-Gruppen-Setting (ca. 10 Personen arbeiten ausschließlich an ihren Beziehungen und ihrer Gruppe) nicht deckungsgleich ist, und sich daher hinderliche Zielkollisionen bemerkbar machen. Die Trainings-Gruppe bewährt sich als eigenes Lernsetting mit Personen aus unterschiedlichen Kontexten *(stranger-group)*.

Aktionsforschung und Survey-Feedback

Die selbstreflexive Arbeit mit Gruppen hatte ein innovatives und für die Praxis sehr brauchbares Forschungsparadigma geschaffen: Beobachter und Beobachtete, Subjekt und Objekt der Forschungstätigkeit waren ident und nicht verschiedene Personen, wie in der Sozialforschung üblich. Es war daher naheliegend, zu erproben, ob sich dieses Modell auch in größeren Systemen als Gruppen, in Betrieben und Organisationen direkt und nicht nur vermittelt über Gruppentrainings realisieren lässt. Dies war die Geburtsstunde der Aktionsforschung *(action research)*, ein Begriff, der schon von Kurt Lewin verwendet wurde. Forscher und Mitglieder einer Organisation sammelten gemeinsam Daten darüber, wie die Organisation funktioniert, wo es Probleme gibt und wie diese zu erklären sind. Dann wurden Lösungen entwickelt, implementiert und nach einiger Zeit evaluiert. Um möglichst viele Mitarbeiter einzubeziehen, wurden Fragebogen eingesetzt, um die Sichtweise aller Betroffenen zu erheben. Entscheidend war jedoch der Feedback-Prozess. Zunächst wurden die erhobenen Daten (Survey-Feedback) dem Management präsentiert, anschließend meist in Gruppen mit ihren jeweiligen Vorgesetzten vorgestellt und ausführlich diskutiert (*chain of conferences;* vgl. Cummings a. Worley 2001, S. 9 f.). Damit waren das Prinzip der Partizipation und die Möglichkeit der Mitarbeiter, eine Organisation nicht nur zu erleiden, sondern auch mitzugestalten, im Konzept der Organisationsentwicklung verankert. Die Ressourcen der Mitarbeiter wurden bestmöglich genutzt, ihre Bindung an die Organisation gestärkt. Die Verknüpfung von Lernen der Personen und der Entwicklung der Organisation schien gelungen.

Seit diesen Anfängen hat sich vor allem die Gestaltung des Veränderungsprozesses ausdifferenziert. Partizipation und Nachhaltigkeit der erarbeiteten Lösungen und Veränderungsschritte lassen sich nur erreichen, wenn eine besondere Prozesskompetenz bei Führungskräften und externen Forschern bzw. Beratern aufgebaut wird. Hier ist zwischen *Fachkompetenz* bei den inhaltlichen Problemstellungen und der *Prozesskompetenz* zu unterscheiden, wobei der Prozess entscheidet, ob sich die besten inhaltlichen Lösungen durchsetzen (vgl. Schein 1999 und Kap. 3 und 4 in diesem Band).

Im deutschen Sprachraum wurden die Impulse erst in den 60er und 70er-Jahren aufgegriffen. Dies ist zum einen der Vertreibung und Vernichtung der Sozialwissenschaftler im 2. Weltkrieg zuzuschreiben, zum anderen auch der ideologisch negativ besetzten »Führungsthematik«. In den USA war die Qualifizierung von Führungskräften *(leaders)* kein Widerspruch, sondern ein notwendiges Kernstück für den Aufbau einer demokratischen Kultur und einer verstärkten Partizipation der Mitarbeiter in den Unternehmen. Charakteristisch ist für die Entwicklung in den USA, aber noch mehr in Europa die hierarchiekritische Positionierung. Es ging und geht zum Teil bis heute darum, die erstarrten hierarchischen Strukturen durch Teamarbeit mit mehr Autonomie zu überwinden. Dies gibt den Mitarbeitern mehr Möglichkeiten, ihre Ressourcen einzubringen, fördert damit die Motivation und erhöht die Leistungsfähigkeit der Organisation. Zusätzlich wird die Organisation durch dezentrale Kommunikations- und Entscheidungsstrukturen rascher reaktionsfähig, sich auf Umweltveränderungen einzustellen. Dieser Aspekt ist vor allem in den letzten Jahren stark in den Vordergrund gerückt.

Im deutschsprachigen Raum blieben jedoch über viele Jahre Themen des Managements, der Führung und der Organisationsgestaltung Domäne der Betriebswirtschaft mit einem sehr technischen Verständnis von Organisation ohne differenzierte Theorie sozialer Systeme.

In der Beratung und Weiterbildung (z. B. Masterlehrgänge) hat die Organisationsentwicklung in den letzten Jahrzehnten deutlich zugenommen, ohne jedoch irgendwo marktbeherrschend zu sein. In der Wissenschaft konnte sich die Organisationsentwicklung in bescheidenem Umfang etablieren, teils unter dem »Dach« von »Organisationspsychologie«, »Arbeitspsychologie«, »Personal« etc., teils als explizite Organisationsentwicklung (Professur an der Universität Klagenfurt, Masterstudium wird eingerichtet). Offen bleibt jedoch, wie sehr sich die Organisationsentwicklung als Wissenschaft mit ihrem in diesem Band beschriebenen besonderen Paradigma in den aktuellen Entwicklungen wird behaupten können. Der Bologna-Prozess hat ohne sachliche Notwendigkeit die Orientierung der Wissenschaften an einem im angloamerikanischen Raum stark vertretenen »empirischen«, rein quantifizierenden Paradigma befördert, das in den Naturwissenschaften unbestritten seine Meriten hat, zur wissenschaftlichen Durchdringung sozialer und gesellschaftlicher Realität jedoch ungeeignet ist und zu einem Empirieverlust führt, auch wenn paradoxerweise die Etikette »empirisch« häufig in Anspruch genommen wird.

Soziotechnischer Systemansatz

In den Jahren nach dem 2. Weltkrieg formierte sich an dem neu gegründeten »Tavistock Institute of Human Relations« in London eine interdisziplinäre Forschergruppe um Eric Trist und lieferte bahnbrechende Studien im Kohlebergbau über Einflussfaktoren der Arbeitsorganisation auf Leistung und Motivation. So stellte sich heraus, dass eine gewisse Autonomie und Selbstorganisation von Arbeitsgruppen eine höhere Leistung erbrachte als eine von der Technologie abgeleitete Arbeitsteilung mit einem eng definierten Aufgabengebiet für jeden einzelnen Mitarbeiter.

Zugleich haben die Forschungsergebnisse jedoch betont – und dies war ein sehr entscheidender Beitrag zum Verständnis einer leistungsförderlichen Organisationskultur –, dass eine konsequente Aufgabenorientierung der selbststeuernden Arbeitsgruppen eine Bedingung für den Erfolg war. Die Selbstorganisation und die Beziehungsgestaltung der Gruppenmitglieder stellten sich in den Dienst der gemeinsamen Aufgabe. Als optimal erwies sich in der Terminologie der Forschergruppe die Verknüpfung des »sozialen Systems« mit dem »technischen System«. Man spricht daher vom soziotechnischen Systemansatz (vgl. Wimmer 2004).

Die Wiedereinführung der Organisation in die Organisation – Reset

Mit den 90er-Jahren setzte eine enorme Beschleunigung in der Veränderungsdynamik in den Organisationen aller gesellschaftlichen Sektoren ein. Überlebensnotwendig ist seither nicht mehr die Veränderungsfähigkeit als solche, sondern entscheidend ist das Tempo, sich auf die sich rasch verändernden Umwelten einstellen zu können. OE wurde zu einem Dauerthema, der rasche und globale Wandel erhöht die Unsicherheit und verlangt danach, das Unerwartete zu managen (vgl. Weick u. Sutcliffe 2003). So entwickelte sich ein Boom an neuen Organisationsstrukturen und -modellen, man begann mit der Organisation zu experimentieren. War es bislang die Funktion einer Organisation, bestimmte Strukturen, Abläufe, Rollenerwartungen auf Dauer zu stellen und so das System vom permanenten Organisieren zu entlasten, kommt es nun zu einer Wiedereinführung der Organisation in die Organisation (vgl. Baecker 1993; Scala u. Grossmann 1997, S. 26 ff.): Großunternehmen gliedern sich in ergebnisverantwortliche Geschäftsfelder, es werden Unternehmen in Unternehmen eingerichtet, Strategie wird ein zentrales Thema der OE (vgl. Wimmer 1995). Öffentliche Leistungen werden in eigene Unternehmen ausgegliedert, Organisationen der Zivilgesellschaft formieren sich, erweitern das Spektrum gesellschaftlicher Akteure und verändern die Steuerungs- und Leistungsstrukturen der öffentlichen Verwaltung. Die Globalisierung erwirkt eine stärkere Ausrichtung auf internationale Beziehungen. Ein besonderes neues Terrain bilden die unterschiedlichen organisationsübergreifenden Innovationen: Joint Ventures, interorganisationale Kooperationen, Netzwerke und Fusionen. Sie sind neue organisatorische Konstrukte, die ein neues Repertoire an Steuerung verlangen. Weder die Hierarchie noch der Markt liefern hier brauchbare Modelle, der Typus »Verhandlung« rückt in den Vordergrund und muss differenziert und professionalisiert werden (vgl. Willke 1995). Für alle diese neuen Entwicklungen gilt, dass der Kommunikationsbedarf quantitativ ansteigt, besonders jedoch wachsen die qualitativen Anforderungen an die Kommunikationsgestaltung.

Für die USA fasst Cummings (2005) diese Neuorientierung tabellarisch zusammen, wobei die Globalisierung überall ähnliche Problemlagen geschaffen hat.

	From	Toward
Economy	Domestic	Global
	Static/Predictable	Dynamic/Uncertain
Workforce	Homogeneous	Diverse
	Experienced	Educated
	Permanent	Contingent
Technology	Energy	Information
	Routine	Complex
	Mechanical	Knowledge-Based
	Mass Production	Customization
Organizations	Bureaucratic	Organic
	Efficiency	Innovation
	Control	Learning
	Autocratic Management	Strategic Leadership
Key Change Targets	Individuals & Groups	Strategy & Structure
	Social Processes	Work Processes
		Human Resource Practices
Key Stakeholder	Management	Management, Employees, Customers, Suppliers
Values	Humanistic	Humanistic & Organization Effectiveness
Change Process	Problem Driven	Learning Driven
	Episodic Change	Continuous Change
	Expert Managed	Leader/Member Managed
Key Change Issue	Overcome resistance to change	Set positive vision for organization

Tab. 1: Die Entwicklungslinie der OE in den USA (Cummings 2005, zitiert nach Lobnig u. Grossmann 2013, S. 35)

Die jüngste Wendung wird durch die drängenden Probleme sozialer Ungleichheit und der Ökologie angestoßen. Lawler a. Worley (2011) sprechen von einem *Management Reset*.

> »Organisationen müssen finanziell erfolgreich agieren, aber sie müssen auch ihre soziale Verantwortung und die Umwelt ergebnisrelevant fokussieren« (S. XII, Übers.: Klaus Scala).

So herausfordernd alle diese Entwicklungen sein mögen, die OE hat mit ihrer seit jeher partizipativen Ausrichtung, ihrer Betonung von Nachhaltigkeit und der Kultivierung differenzierter Kommunikationsformen dafür gute Grundbausteine und Vorteile gegenüber mehr linearen Veränderungskonzepten.

Systemische Organisationsentwicklung

Die systemische Organisationsentwicklung als junger Spross in der Entwicklung baut sehr gut auf der Tradition auf und kann sich auch mit gegenwärtigen Ansätzen gut in Beziehung setzen und diese integrieren. Zusätzlich bringt sie theoretische und methodische Neuerungen ein: In der Theorie stellt sie sehr praxisrelevante Unterscheidungen bereit und liefert Präzisierungen, die dem Bedürfnis nach stringenter Wissenschaftlichkeit entsprechen (s. Kap. 2), und methodisch nimmt sie Anleihen vor allem aus der systemischen Familientherapie und bereichert so das organisationsentwicklerische Interventionsrepertoire.

Die Unterscheidung *Person/soziales System* schließt an die Bemühungen an, die Kopplung zwischen Person oder Individuum auf der einen Seite und sozialem System (Gruppe, Organisation) auf der anderen präzis und zugleich praktisch nützlich zu beschreiben.

Die von dem britischen Forscher E. L. Trist und anderen eingeführte Unterscheidung von *technischem* und *sozialem* System wird in der systemischen Terminologie in mehrfacher Hinsicht berücksichtigt. Die Unterscheidung von trivialen und nichttrivialen Systemen weist darauf hin, dass Gruppen und Organisationen nicht durch lineare Steuerung, d. h. durch strikte, detaillierte Vorgaben erfolgreich lenkbar sind. Weiters haben die Forschungen dieses soziotechnischen Zugangs sehr überzeugend vermittelt, dass in jedem System *Selbstreferenz* (Investition in das soziale System) und *Fremdreferenz* (Aufgabenerfüllung) unterschieden werden können, aber zugleich miteinander verknüpft sind.

Die systemische Familientherapie hat der OE eine Reihe wertvoller Interventionsinstrumente beschert, die auch entsprechend reflektiert und angepasst in Organisationskontexten mit anderer Logik einsetzbar sind. Sie können hier im Einzelnen nicht aufgelistet werden. Die Fragetechnik z. B. regt die Kreativität an und befördert die soziale Fantasie, wichtige Ressourcen in einem OE-Prozess.

Die Unterscheidung *System/Umwelt* ist besonders in ihrer Allgemeinheit und flexiblen Verwendbarkeit als Beschreibungsinstrument geeignet, sich auf sich rasch verändernde Verhältnisse einstellen und diese gut diagnostizieren zu können. Sie schärft vor allem den Blick auf die relevanten Umwelten bzw. auf die Einheit von System und Umwelt als bedeutsam für die Nachhaltigkeit von OE-Interventionen. Diese Differenz überwindet den in der klassischen OE oft wahrnehmbaren dominanten Blick nach innen: auf die Substrukturen der Organisation, die Mitarbeiter, das innere Potenzial. Die systemische OE hat mehr Balance in der Wahrnehmung des Systems (innen) und seiner Umwelten (außen). Insgesamt ist das Repertoire der systemischen OE – sowohl in der Diagnose als auch in den Interventionen – breiter aufgestellt als die traditionelle OE. Die Vorzüge des systemischen Zugangs liegen ganz besonders in der Fähigkeit, die aktuellen und komplexen Entwicklungen und Turbulenzen beschreibbar und bearbeitbar zu machen.

2 Grundbegriffe der systemischen Organisationsentwicklung

Der Begriff »System« bedarf einer präzisen Erläuterung, was im Kontext von Organisationsentwicklung damit gemeint ist und welchen Nutzen diese Begrifflichkeit zum Verständnis von Veränderungsprozessen sozialer Systeme bringen kann. Konkret beziehen wir uns auf den Systembegriff, wie er vor einigen Jahrzehnten sowohl in der Biologie (vgl. Maturana 1982), der Soziologie (vgl. Luhmann 1984) als auch in der Familientherapie (vgl. Selvini-Palazzoli 1977) entwickelt wurde und seither angewendet wird. Für eine ausführliche und auch für unseren Kontext hilfreiche Darstellung der Entwicklungs- und Anwendungsgeschichte des Begriffs »systemisch« verweisen wir auf Simon (2006 und 2007) und greifen jene Aspekte heraus, die zum Verständnis »systemischer Organisations*entwicklung*« dienlich sind.

Vorweg sei betont, dass das Theorierepertoire, das auf vielfältige Weise von der Systemtheorie des genannten Zuschnitts in den letzten Jahrzehnten entwickelt wurde, in besonderer Weise geeignet erscheint, die Komplexität von Dynamiken und rapide voranschreitenden Entwicklungen größerer sozialer Systeme beschreibbar und handhabbar zu machen. Damit wird auch der zunehmenden sozialen Komplexität der modernen Gesellschaft Rechnung getragen. Organisationsentwicklung braucht Instrumente zur Darstellung der Binnenstruktur von Organisationen ebenso wie einen differenzierten Blick auf die Einbindung von Organisationen in den gesellschaftlichen Kontext. Für beides ist das Theorierepertoire des systemischen Ansatzes sehr hilfreich.

Der so entwickelte Systembegriff bedient wissenschaftliche Theorieansprüche ebenso wie die Anliegen der Praktiker (Führungskräfte, Projektmanager, Berater etc.), Orientierung für die eigene Praxis zu bekommen. Dies ist eine besondere Stärke des systemischen Zugangs zur Organisationsentwicklung, weil die Besonderheit der zu bearbeitenden Fragestellung: »Wie verändern sich Organisationen?« auf eine Weise fokussiert wird, die Gestaltungsoptionen für Veränderungsprozesse aufzeigt und zugleich auf eine wissenschaftlich fundierte Terminologie und Argumentation Wert legt.

Fachliche Expertise in OE, die sich außerhalb des systemtheoretischen Ansatzes, auf anderen Konzepten und Theorien basierend positioniert, zerfällt in zwei unterschiedliche Lager: in ein wissenschaftliches und ein praxisorientiertes. Praktiker orientieren sich an Erfahrungen, die sich *in* der Praxis und *für* die Praxis »bewähren«, Wissenschaftler wenden im Wissenschaftskontext etablierte wissenschaftliche Methoden an, meist mit der Etikette »empirisch« versehen, und legen Wert auf eine klare Trennung des beobachtenden Subjekts vom beobachteten Objekt, was – wie zu zeigen sein wird – wiederum die Beobachtungsmöglichkeiten im Feld »Organisationsentwicklung« und damit die Ergebnisqualität einschränkt (vgl. Schein 1999). Diese beiden Lager verhalten sich zueinander indifferent und abgrenzend, was sich auch faktisch in der Fachwelt und den Publikationsmedien beobachten lässt. Der systemische Zugang hingegen schließt eine Reflexion des Beobachtungskontextes ein und ermöglicht so, jeweils praktisch relevante Empirie mit erkenntnistheoretischer Fundierung zu verknüpfen.

Das Spezifische des systemischen Konzepts zur Thematik Organisationsentwicklung lässt sich an folgenden Unterscheidungen bzw. Begrifflichkeiten illustrieren:

- System/Umwelt
- Beobachtung erster Ordnung/Beobachtung zweiter Ordnung
- Person/System
- Triviale Systeme/nichttriviale Systeme
- Intervention als systemisches Steuerungs- und Diagnoseinstrument
- Operative Schließung und funktionale Differenzierung

2.1 System/Umwelt

Zunächst ist hier festzuhalten,

> »dass mit dem Begriff des Systems nicht ein bestimmtes Objekt bezeichnet wird, sondern eine bestimmte Unterscheidung, nämlich die von System und Umwelt« (Luhmann 1991, S. 7).

»Systemisch« arbeiten bedeutet, sich auf die Anwendung der Unterscheidung »System/Umwelt« einzulassen. Es wird erprobt, was man mit dieser Unterscheidung zu sehen bekommt. Dabei ist jeweils zu spezifizieren, was das System und was die Umwelt ist. Dies bedeutet, dass der Beobachter als Erstes entscheidet, was er als System definiert und beobachten will. Im Kontext von OE gibt es viele Möglichkeiten, sich für ein bestimmtes Bezugssystem zu entscheiden: eine bestimmte Organisation, eine Abteilung, einen Vorstand, ein Team, eine bestimmte Berufsgruppe, Kunden, ein Netzwerk, also ein bestimmtes soziales System. Die Auswahlentscheidung wird durch die Fragestellung des jeweiligen Beobachters (Berater, Führungskraft, Mitarbeiter) begründet. Zur Umwelt eines sozialen Systems gehören nicht nur andere soziale Systeme, wie z. B. für eine Schule die Schulbehörde eine wichtige Umwelt darstellt, sondern auch Lehrer sind als Personen Umwelt des sozialen Systems Schule, ebenso wie die Mitarbeiter eines Unternehmens.

Der Blick auf den Kontext eines Systems mit seinen relevanten Umwelten lässt diesen als eine Überlebenseinheit sichtbar werden und legt so die Basis für das Konzept der Nachhaltigkeit, ein wichtiges Charakteristikum der Organisationsentwicklung (vgl. Grossmann, Lobnig u. Scala 2007, S. 59 ff.). Die systematische Anwendung dieser Unterscheidung im Sinne einer System-Umwelt-Analyse gehört zu den wichtigsten »Tools« der systemischen OE. Sie ermöglicht, eine »Landkarte« über die Dynamik und das Erwartungsfeld, in dem das System agiert, zu erstellen, und führt so zu Einsichten und zur vertieften Bildung von Hypothesen – alles wichtige Schritte in einem OE-Prozess (vgl. Scala u. Grossmann 1997, S. 45 ff.). Die Auseinandersetzung z. B. einer Abteilung mit ihren Umwelten (zentrale Führung, Kunden, Mitarbeiter, Zulieferer, kooperierende Abteilungen etc.) und deren Erwartungen an die Abteilung kann mit einer solchen Analyse gut dargestellt und transparent gemacht werden. Die Fähigkeit einer Organisation, sich mit den relevanten Umwelten in gelungener Weise in Beziehung zu setzen, ist ein Erfolgskriterium für das Überleben der Organisation.

2.2 Beobachtung erster Ordnung/zweiter Ordnung

In der Systemtheorie geht man nicht davon aus, dass die Wirklichkeit auf den Beobachter über seine Sinnesorgane »einströmt« und daraus Einsichten und Erkenntnisse entstehen, sondern dass der Beobachter schon vorweg eine Entscheidung trifft – explizit oder implizit –, was er zu beobachten gedenkt und damit von der Umwelt durch eine Grenzziehung unterscheidet. Der Beobachter beobachtet durch die Anwendung einer Unterscheidung zwischen einem bestimmten System und der Umwelt, anders kann er gar nicht beobachten (vgl. Simon 2006). Daraus folgt auch, dass jede Beobachtung und Beschreibung eines Systems und der Umweltbeziehungen von einem bestimmten Beobachter (Führungskraft, Mitarbeiter, Berater, Kunde etc.) mit einer je eigenen Sichtweise gemacht wird und es daher keine beobachterunabhängige, »objektive« Beschreibung eines Systems geben kann. Um die soziale Wirklichkeit einer System-Umwelt-Beziehung in ihrer Komplexität adäquat erfassen zu können, sucht man sinnvollerweise nicht nach einer Methode zur »objektiven« Beschreibung eines Systems. Ergiebiger ist es, die Beobachtungen der unterschiedlichen Beobachter zu sammeln, einander gegenüberzustellen, Gemeinsamkeiten und Unterschiede zu identifizieren. So gewinnt man ein komplexeres und für die daran Beteiligten gültigeres und gemeinsames Bild eines Systems im Kontext seiner Umwelten. Die jeweiligen Sichtweisen der einzelnen Akteure sind handlungsrelevant und daher wichtige Elemente der sozialen Realität.

Indem bei dieser Vorgangsweise die verschiedenen Sichtweisen versammelt werden, entdeckt man, wie unterschiedlich ein System beobachtet werden kann. Die Beobachtung der Führungskräfte unterscheidet sich von der der Mitarbeiter, Kunden bringen wiederum eine andere Perspektive ein und externe Experten sehen die Wirklichkeit noch einmal etwas anders. Damit wird die Aufmerksamkeit von den einzelnen Beobachtungen zusätzlich darauf gelenkt, welche unterschiedlichen »Brillen« die einzelnen Akteure verwenden, worauf sie besonderen Wert legen, was sie vernachlässigen, wie sie insgesamt die Situation bewerten, d. h., man kann beobachten, wie jeweils beobachtet wird. In der systemischen Terminologie spricht man hier von einer Beobachtung zweiter Ordnung.

> »Die Beobachtung eines Gegenstands lässt sich als ›Beobachtung 1. Ordnung‹ und die Beobachtung der Beobachtung dieses Gegenstands als ›Beobachtung 2. Ordnung‹ kategorisieren« (Simon 2006, S. 42).

Für die Diagnose von Organisationen wie auch für ihre Entwicklung ist die Einbeziehung der Beobachtung 2. Ordnung unverzichtbar.

2.3 Person/Organisation (oder psychisches System/soziales System)

Wie schon oben angedeutet gehören Mitarbeiter zur Umwelt einer Organisation. Dieses Verständnis fußt auf der für den systemischen Zugang charakteristischen Unterscheidung zwischen Personen und sozialem System. Bei der Bezeichnung Person – in der einschlägigen Terminologie präziser *psychisches System* genannt – fokussiert man die Bewusstseinszustände der Menschen als die relevanten Elemente der Person: Gedanken, Gefühle, Empfindungen, Fantasien, Träume …

Der Terminus *Soziales System* ist ein Sammelbegriff für eine Vielfalt sozialer Einheiten unterschiedlicher Größe und unterschiedlicher Arten zu kommunizieren. Luhmann (1984, S. 551 ff.) z. B. unterscheidet dreierlei soziale Einheiten: *a) Interaktionen,* charakterisiert durch Face-to-Face-Kontakt wie in Gruppen, *b) Organisationen* mit entsprechend selektierten Kommunikationsstrukturen, dazuzuzählen sind auch alle Arten von Netzwerkstrukturen, und *c) Funktionssysteme* wie Wirtschaft, Wissenschaft, Politik etc. Die *Gesellschaft* dient als Überbegriff für alle irgendwo und irgendwie stattfindenden Kommunikationen.

Systeme generieren sich aus den Elementen, aus denen sie bestehen. In der Systemtheorie wurde dafür der Begriff »Autopoiese« (wörtlich Selbsterschaffung) eingeführt (vgl. Simon 2006, S. 31 ff.). Als Elemente bezeichnet man für psychische Systeme *Bewusstseinszustände*, bei sozialen Systemen hingegen *Kommunikationen*. Soziale Systeme existieren durch die Kette von aufeinander und auseinander folgenden Kommunikationen und bilden dadurch laufend ihre Grenze. Kommunikationen schließen bestimmte Akteure und bestimmte Inhalte ein und alle anderen aus. In jeder Kommunikation geht es einerseits um bestimmte Inhalte (Fremdreferenz), andererseits aber auch um die Fortsetzung der Kommunikation, d. h. um die Erhaltung des sozialen Systems (Selbstreferenz).

Der Unterschied zwischen psychischen und sozialen Systemen macht die Eigenständigkeit von sozialen Systemen gegenüber Individuen sichtbar und verständlich. Damit wird die Möglichkeit geschaffen, die tägliche Erfahrung im Umgang mit Organisationen zu begreifen und die Schwierigkeiten, Veränderungen zu initiieren, theoretisch gut zu fassen. Beobachter sind oft mit der Tatsache konfrontiert, dass »Mitglieder« einer Organisation sich sehr kritisch zu den Strukturen, Entscheidungen, Spielregeln in ihrer Organisation äußern. Dies verwundert und verlangt nach Erklärungen, warum das Bewusstsein der Akteure so stark von der gelebten sozialen Realität abweicht. Hier hilft es, den Unterschied zwischen Bewusstsein und Kommunikation im Auge zu behalten. Personen lernen über die Veränderung ihres Bewusstseins, z. B. durch neue Einsichten; Organisationen lernen über Veränderung ihrer Kommunikationsstrukturen.

Beide Phänomene funktionieren nach ihrer eigenen Logik und darin sind sie autonom. Dies bedeutet jedoch nicht, dass sie getrennte Wirklichkeiten ohne Wirkungen aufeinander sind. Über die Sprache sind sie strukturell aneinander gekoppelt.

> »Psychische und soziale Systeme sind im Wege der Co-Evolution entstanden. Die jeweils eine Systemart ist notwendigerweise Umwelt der anderen« (Luhmann 1984, S. 92).

Die Unterscheidung in System und Umwelt bringt gerade die Wirkungen der Umwelten auf das System und des Systems auf die Umwelten genauer in den Blick.

Eindrucksvolle Beispiele für die strukturelle Kopplung zwischen einem sozialen System und den psychischen Systemen der individuellen Menschen liefert die systemische Familientherapie, eines der ersten Anwendungsfelder systemischen Arbeitens. Man hat aus der Therapeutenrolle heraus bewusst den Beobachtungsfokus von der psychischen Konstellation eines Klienten weggelenkt hin zur Beobachtung des Kommunikationssystems Familie, der dieser Klient angehört. Die Interventionen und Verschreibungen der Therapeuten haben sich auf die Familie und ihre Kommunikationsmuster als Ganzes bezogen. Diagnosen und Behandlungen von Einzelpersonen wurden ganz außen vor gelassen, und dies bei bestimmten Klientengruppen, z. B. Kindern, mit nachhaltigem Erfolg für die psychische Gesundheit des Einzelnen, wie die Erfolgsstory der Familientherapie belegt.

Die Beachtung dieser Unterscheidung befördert auch einen realistischen und kritischen Blick auf Bemühungen, wie ethische Kategorien und Werte in sozialen Systemen verankert werden können. In der gegenwärtigen Diskussion um die Wirtschaftsethik kann man mitunter beobachten, dass es dabei bei Appellen an das Bewusstsein vor allem der Führungskräfte bleibt oder sich der Ethik-Diskurs als ein eigenes soziales System etabliert (z. B. Ethikkommissionen) mit der Illusion, dass damit schon Wirkungen im Alltagsgeschäft der betroffenen Organisationen garantiert sind. Es braucht jedoch unabhängig von der Klärung der Werte und ethischen Standards (Bewusstseinsbildung), an denen man sich ausrichten will, eine eigene Interventionsstrategie (Kommunikation) in die betroffenen sozialen Systeme, in denen die Standards Geltung erhalten sollen.

Daraus kann für die OE die Schlussfolgerung gezogen werden, dass es für die Entwicklung eines sozialen Systems Ansatzpunkte auf beiden Systemebenen – Person/Bewusstsein *und* soziales System/Kommunikation – braucht. Diese doppelte Referenz ist konstitutiv für ein adäquates Verständnis von OE. In der Vergangenheit hat es immer wieder Tendenzen gegeben, einer der beiden Systemebenen mehr Bedeutung zuzumessen. Anfangs, in den 40er- und 50er-Jahren des vorigen Jahrhunderts, setzte man an den Personen an und sprach von *re-education*. Im deutschen Sprachraum wurden in der Nachfolge der 68er-Bewegung primär die »Strukturen« der Institutionen und deren Änderungsbedarf in den Blick genommen, als Akteure der Veränderung blieben jedoch weiterhin die Personen mit einem spezifisch gesellschaftskritischen Bewusstsein im Fokus. Aus systemischer Sicht steht die *Differenz* von Person und Organisation im Fokus und es gilt die *strukturelle Kopplung* zu identifizieren und zu nutzen, wie z. B. in der Entwicklung von Führungssystemen und der Qualifizierung von Führungskräften.

Und auf beiden Ebenen ist auf die Entwicklung von notwendigen *Ressourcen* zu achten sowie zugleich eine *Kultur* zu entwickeln.

System I Dimension	Ressourcen	Kultur
Person I psychisches System	Wissen Fertigkeiten Potenziale Energie Motivation	Normen Einstellungen Prioritäten
Organisation I soziales System	Strategien Strukturen Geld Prozesse	Organisationskultur Spielregeln Führungskultur Unternehmensrituale Geschichte Sanktion Feedback Systeme

Tab. 2: Ansatzpunkte für eine systemische OE; die Schattierung bezeichnet fallbezogene Schwerpunktsetzung (Grossmann u. Pelikan 1993: Seminarunterlagen Gesundheitsförderung – Internationales Training für Projektentwicklung).

Keine Organisation kann Leistungen erbringen, für die die Mitarbeiter nicht das nötige Know-how besitzen oder nicht motiviert sind. Investitionen in die Personalentwicklung sind gefragt – in Bezug auf fachliches Know-how ebenso wie auf Einstellungen und Werthaltungen. Die Erfahrungen zeigen jedoch, dass dies nicht genügt, wenn die Organisation von ihren Strukturen und ihrer Kultur her nicht in der Lage ist, die Potenziale der Mitarbeiter zu nutzen. Dazu sind Interventionen in ausreichend ausdifferenzierte Kommunikationsstrukturen und in die Kulturentwicklung notwendig.

2.4 Triviale Systeme/nichttriviale Systeme

Luhmann (1984, S. 16) unterscheidet vier Arten von Systemen: technische Systeme (Maschinen), lebende Systeme (Organismen), psychische und soziale Systeme. Zum Verständnis von Organisationen ist die Besonderheit der Differenz zwischen technischen Systemen einerseits und psychischen und sozialen Systemen andererseits von grundlegender Bedeutung.

Technische Systeme sind vom Menschen geschaffen und in der Weise konstruiert, dass sie bestimmte Funktionen vorhersagbar, dauerhaft und verlässlich erfüllen. Der Chauffeur tritt auf die Bremse und das technische System Auto verlangsamt die Geschwindigkeit – und das jedes Mal und verlässlich und unabhängig davon, ob der Chauffeur sein Auto liebt oder es verflucht. Man wirft die Münze in den Automaten, wählt einen Knopf und der Kaffee wird zubereitet. Heinz von Foerster (1985, S. 12 f.; vgl. Simon 2006, S. 35 ff.) hat hier den Begriff der *trivialen Maschine* eingeführt, womit betont wird, dass auf einen bestimmten Input immer der gleiche Output folgt. Die Stärke der technischen Systeme liegt darin, dass sie sich nicht von selbst verändern, d. h. auch nichts dazulernen[3]. Sie werden

3 Im Kontext von Forschungen in der Robotik mit interagierenden technischen Systemen plant man bis 2050 eine Fußballmannschaft aus Robotern zu konstruieren, die mit Siegeschancen gegen ein menschliches Spitzenteam antreten soll (http://de.wikipedia.org/wiki/Robotik [22.7.2014]). Für die OE gilt, dass der Einsatz von interagierenden technischen Systemen mit bestimmten Aufträgen auch in Zukunft kommunikativ entschieden werden muss. Dies erhöht die Gestaltungsmöglichkeiten, zugleich jedoch auch die Entschei-

ausschließlich von außen gesteuert. Gibt es Störungen und ein Input führt nicht zum gewünschten Output, z. B. beim Bremsen eines Autos tritt keine entsprechende Verlangsamung ein, so muss man eiligst zum Techniker, um eine durch äußere Einwirkung verursachte Veränderung (Beschädigung, Abnützung) wieder zu korrigieren.

Für die Kreation und die Steuerung von Organisationen ist diese Differenz von trivialen und nichttrivialen Systemen von großer Bedeutung. Wer möchte denn nicht Organisationen, die vorhersehbar, dauerhaft und verlässlich die ihnen zugedachte Aufgabe erfüllen? Dies sind nicht zu negierende Erwartungen der Kunden und Klienten. Es wundert daher nicht, wenn das Bemühen, Organisationen nach diesem Systemmodell zu schaffen und zu steuern, schier unermesslich ist. Das Verständnis von Organisation als einem dienlichen »Werkzeug« zur Erledigung bestimmter Aufgaben verrät sich schon im Begriff Organisation, der auf das griechische Wort *organon* = Werkzeug zurückgeht. Die klassische Hierarchie, wie sie über Jahrtausende konzipiert und etabliert war, folgt diesem Modell der trivialen Maschine, und bis zum heutigen Tage versuchen Managementkonzepte dahinterzukommen, wie Organisationen als triviale Maschinen von der Spitze aus gesteuert und kontrolliert werden können (vgl. Morgan 2008). Auf oberster Ebene wird entschieden und angeordnet und »unten« kommt das gewünschte Ergebnis heraus. So legitim der Anspruch der Kunden auf ein definiertes Produkt oder eine verlässliche Serviceleistung ist, so problematisch ist die Vorstellung von Entscheidungsträgern und Führungskräften, eine Organisation wie eine triviale Maschine einrichten und steuern zu wollen. Damit würde vorausgesetzt, dass Kommunikationssysteme aus ihren Erfahrungen keine Schlussfolgerungen ziehen und auf Inputs von außen immer gleich reagieren. Nur dann kann man verlässliche, lineare Ursachen-Wirkungs-

---

dungsnotwendigkeiten. Wie sehr technologisch ungeahnte Möglichkeiten die Kommunikations- und Entscheidungsprobleme erhöhen, statt davon zu entlasten, zeigt sehr anschaulich der polnische Autor Stanislav Lem z. B. in den »Sterntagebüchern« (dt. 1978).

Zusammenhänge feststellen und die Steuerung danach ausrichten. Dennoch wird mitunter an der Illusion der Berechnung festgehalten und die dabei auftretenden Schwierigkeiten werden durch eine Steigerung trivialer Steuerungsversuche mit sehr komplizierten Mechanismen zu kompensieren versucht (vgl. z. B. Zimmermann 2009 für den Kulturbetrieb).

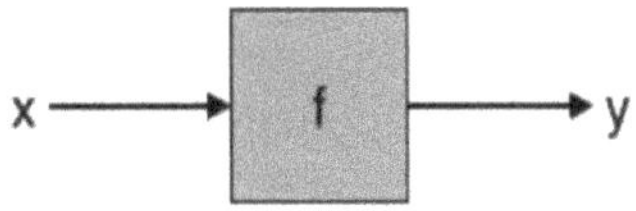

Abb. 1: Input-Output-Relation bei trivialen Maschinen (vgl. Simon 2006, S. 36)

Diese Berechenbarkeit trifft jedoch weder auf lebende noch auf psychische noch auf soziale Systeme zu. Diese Systeme »machen Erfahrungen«, lernen dazu, reagieren auf Impulse von außen daher oft anders als in der Vergangenheit und werden möglicherweise in der Zukunft wieder anders reagieren. Sie sind in ihren Aktionen und Reaktionen nicht prognostizierbar. Heinz von Foerster folgend spricht man daher von *nichttrivialen Maschinen* (vgl. Simon u. CONECTA 1992, S. 27 ff.). Inputs von außen werden ignoriert oder aufgegriffen und intern verarbeitet.

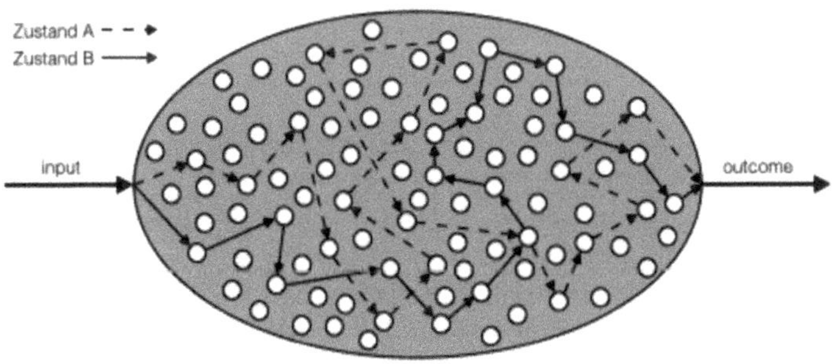

Abb. 2: Input-Output-Relation bei nichttrivialen Maschinen (vgl. Grossmann a. Scala 1996, S. 42)

Die Reaktion ist Resultat dieser internen Verarbeitung. Diese ist in Organisationen ein komplexer Kommunikationsprozess, in den eine Fülle von aktuellen Themen, Problemen, Sichtweisen, Zielsetzungen, Überlebensstrategien, Konflikten etc. einfließt und dessen Ergebnis daher nicht vorhersagbar ist.

Die Steuerung eines sozialen Systems kann daher nicht von außen (fremd)bestimmt werden, sondern muss immer als Selbststeuerung des ganzen Systems gesehen werden. Dies hat nachhaltige Konsequenzen auf Steuerungskonzepte und die Kreation und den Einsatz wirksamer Interventionen. Für das Verständnis von OE gilt, dass Veränderung »von innen« geschieht und nicht von außen importiert werden kann. Entwicklungsziele können daher, auch wenn sie sich auf fundierte externe Expertise stützen, nicht vorgegeben werden.

2.5 Intervention als systemisches Steuerungs- und Diagnoseinstrument

Ausgehend von diesen Erfahrungstatsachen hat sich für die Steuerung und die Umsetzung von Veränderungen der Begriff *Intervention* entwickelt: Zum einen gilt es nicht primär Menschen (Individuen, psychische Systeme), sondern Kommunikationen zu steuern, da wie oben ausgeführt soziale Systeme durch die Veränderung von Kommunikationen lernen und sich weiter entwickeln. Zum anderen verzichtet man auf den Anspruch, Veränderungsprozesse linear steuern zu können, und setzt auf Interventionen. Diese müssen folgendes Dilemma bewältigen: einerseits die Autonomie des Systems respektieren und andererseits nicht beliebig werden und das adressierte System »beeindrucken«. Das System gibt dafür selbst die Kriterien vor, was jeweils aufgegriffen wird und was nicht.

Interventionen basieren daher auf solider Beobachtung und daraus abgeleiteten Hypothesen mit kalkulierten Wirkungen ohne Anspruch auf Vorhersagbarkeit (vgl. Willke 1987, S. 333 ff., Scala S. 1997, S. 118 f.). Als Modell für die Steuerung dient die *systemische Schleife,* ein zirkulärer Prozess von:

beobachten, Informationen sammeln, Hypothesen bilden, Interventionen planen, Interventionen setzen, (Wirkungen) beobachten, … (vgl. Königswieser u. Exner 1998, S. 24).

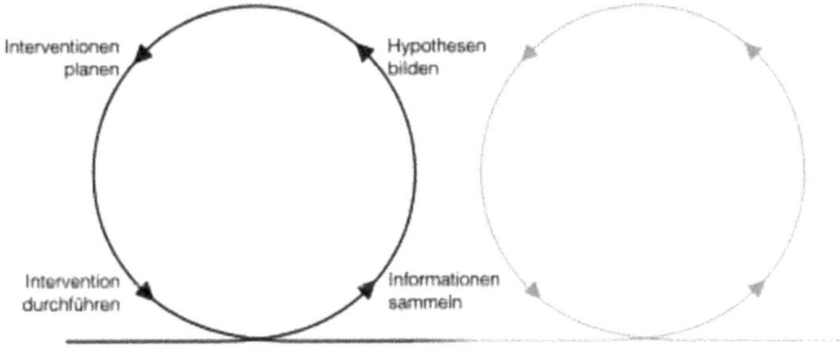

Abb. 3: Systemische Schleife
(vgl. Königswieser u. Exner 1998, S. 24)

Nichttriviale Systeme verlangen auch nach einem spezifischen Verständnis des Verhältnisses von Diagnose und Intervention. Aus der Medizin ist geläufig, dass es zunächst eine ausreichend genaue Diagnose braucht, um entsprechend behandeln und die richtigen medizinischen Interventionen setzen zu können. Dies scheint auch plausibel für Veränderungsprozesse in Organisationen, zumal man ohne ausreichende Diagnose riskiert, mit »Schnellschüssen« zu agieren, die ins Leere gehen, oder »Lösungen« umzusetzen, die mehr unbeabsichtigte und problemschaffende Nebenwirkungen erzeugen, als sie positive Wirkungen zeigen.

Diese aus Medizin und Militär bekannte Logik beruht jedoch auf der Annahme, Diagnose und Intervention trennen und hintereinander prozessieren zu können. In Organisationen ist jedoch jede Diagnose bereits eine Intervention, d. h., das System reagiert bereits auf eine Diagnose und verändert sich damit. Eine Mitarbeiterbefragung z. B. wird als Diagnoseinstrument eingesetzt und bringt Informationen über Sichtweisen der Mitarbeiter. Zugleich wird jedoch auch die Kommunikation unter den Mitarbeitern angeregt und meist auf informeller Ebene viel ausgetauscht. Dies kann zu heftigen Irritationen führen: »Steht eine Kündigungswelle bevor?«, »Die Führung nimmt die Ergebnisse ohnehin nicht ernst.«, »Werden die Ergebnisse bekannt gegeben?« etc.

Und es gilt auch umgekehrt: Jede Intervention zu einer Veränderung ist ein probates Diagnoseinstrument. Wenn es um Organisationsentwicklung und die Veränderungsenergie in einem Betrieb geht und nicht nur um Ist-Zustands-Diagnosen, sind Interventionen besonders geeignet, darüber Auskunft zu geben. Lewin hat dies auf den Punkt gebracht:

> »Man kann ein System nicht verstehen, ehe man nicht versucht hat, es zu ändern« (Lewin, zit. n. Schein 1995; Übers.: Klaus Scala)

2.6 Operative Schließung – funktionale Differenzierung

Interventionen sollen greifen, d. h. gewünschte Wirkungen erzielen. Damit ist – so lehrt die Erfahrung – ein hoher Anspruch verbunden. Organisationen reagieren nur auf Umwelten, die für die Bewältigung ihrer Aufgaben und für das eigene Überleben relevant sind, alle anderen Impulse von außen werden wie ein Rauschen wahrgenommen und erzielen keinerlei Wirkung. In systemischer Terminologie charakterisiert man Organisationen in diesem Sinne als »operativ geschlossen«[4].

Für ein besseres Verständnis der operativen Geschlossenheit und partiellen Offenheit von Organisationen dient die systemtheoretische Soziologie: Die moderne Gesellschaft »differenziert sich entlang unterschiedlicher Funktionen, für die sich einzelne Systeme entwickelt haben« (Grossmann u. Scala 2011, S. 35): Wirtschaft, Politik, Wissenschaft, Bildung, Krankenversorgung,

4 In der britischen und amerikanischen OE-Literatur wird von einem *open-systems model* gesprochen, das aus der Biologie entwickelt wurde (von Bertanlanffy 1950). Dieser Begriff fußt auf einer älteren Version der Systemtheorie (Trist 1975) und widerspricht nicht der These von der *operationalen Geschlossenheit,* da der Terminus *open* auf die grundlegende System-Umwelt-Beziehung hinweist: »*Open systems* such as organizations and people, exchange information and resources with their environments.« (Cummings a. Worley 2001, S. 52)

Religion. Diese Funktionssysteme leisten alle ihren gesellschaftlichen Beitrag füreinander, sind also voneinander abhängig. Zugleich operieren sie in ihrer eigenen Denkart und Logik und sind in dieser Weise voneinander autonom.

Jedes Funktionssystem nimmt Impulse von außen aus der eigenen Perspektive wahr. Wirtschaftssysteme etwa reagieren auf Anliegen des Arbeitnehmerschutzes oder der Ökologie »wirtschaftlich«, d. h., sie werden dann aufgegriffen, wenn Krankenstände vermieden werden können und eine ökologisch verträgliche Produktionsweise das Image und damit die Umsätze bedient. Andernfalls bleiben sie unberücksichtigt. Das Gleiche gilt für die Wissenschaft. Es kann das, was wissenschaftlich anerkannt oder nicht anerkannt ist, nur innerhalb der Wissenschaft entschieden werden. Politik oder Wirtschaft können zwar bestimmte Forschungsprojekte finanziell fördern und andere nicht, aber man kann nicht von außen vorgeben, welche wissenschaftlichen Theorien anerkannt und welche verworfen werden sollen. Dies entscheidet sich innerhalb des wissenschaftlichen Diskurses.

Jede Organisation ist zwar in ihrem Kern einem ganz bestimmten gesellschaftlichen Funktionssystem zuzuordnen, jedoch sind in jeder Organisation auch andere Systemlogiken präsent. Auch eine Sozialeinrichtung muss rechnen und ökonomisch arbeiten, auch Universitäten müssen Budgetentscheidungen treffen.

> »Krankenhäuser kümmern sich primär um die Krankenbehandlung, stehen aber heute mehr denn je unter dem Druck, Entscheidungen auch unter Kostengesichtspunkten zu treffen. Darüber hinaus ist das Krankenhaus eine wichtige Ausbildungsinstitution für Ärzte und Pflegeberufe und auch die medizinische Forschung ist ohne Krankenhaus nicht denkbar. Krankenbehandlung, Ausbildung, Forschung, Wirtschaftlichkeit«, dies alles gilt es zu betreiben (Scala u. Grossmann 1997, S. 39 f.).

Hier prallen unterschiedliche und widersprüchliche Logiken aufeinander und die organisatorische Leistung der Organisation besteht darin, die damit notwendig verbundenen Probleme und Widersprüche zu managen und entsprechende Strukturen aufzubauen.

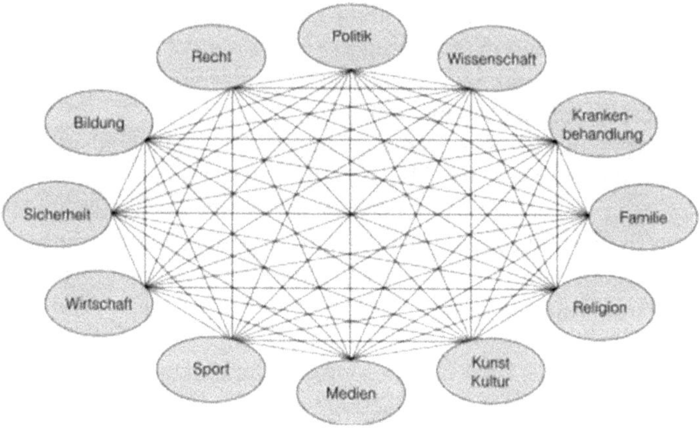

Abb. 4: Funktionssysteme, nach Grossmann u. Scala 2011, S. 36

3 Der Prozess macht den Unterschied

3.1 Status quo und Veränderung

OE ist ein theoriegeleitetes Konzept und eine ausdifferenzierte Praxis, intentionalen Wandel zu organisieren. Damit war historisch die Vorstellung verbunden, dass Organisationen sich grundsätzlich in einer stabilen Phase befinden können. Diese werden von Veränderungsprozessen unterbrochen, um dann wieder in einen Zustand der Stabilität zurückzukehren. Diese Vorstellung ist obsolet geworden. Soziale Systeme verwenden viel Energie, um so zu bleiben, wie sie sind. Der sogenannte Status quo ist also selbst schon Veränderungsarbeit. Stabilitätsmanagement und Management der Veränderung sind gleichermaßen zu organisieren, von Führungskräften und Mitarbeitern (vgl. Kap. 1 und 2).

Stabilitäts- und Veränderungsmanagement werden zu wichtigen Aufgaben, weil die Stabilität nur durch permanente Adaptierung an veränderte Umweltbedingungen aufrechterhalten werden kann.

Das bedeutet auch, dass OE zu einer permanenten Aufgabe der Führung und der Mitarbeiter sowie zu einer kontinuierlichen Steuerungsleistung des Managements einer Organisation geworden ist.

3.2 Organisation und Emotion

Das Leben in Organisationen ist geprägt von starken Gefühlen, auf die im Prozess Rücksicht genommen werden muss, besonders bei einschneidenden Veränderungen. Sie können aber auch für die Veränderungsdynamik genutzt werden. OE erfordert eine proaktive Auseinandersetzung mit diesen Emotionen in einer Organisation.

Gefühle sind ein wichtiges Medium bei der Erarbeitung von Lösungen. Ein Verständnis inhaltlicher Aspekte ist zum Teil schneller und besser über gefühlsmäßige Einschätzungen zu gewinnen als über eine rationale Analyse. Es ist wichtig zu antizipieren, welche gefühlsmäßigen Reaktionen durch inhaltliche Entscheidungen ausgelöst werden können. Das gilt in Organisationen auch unabhängig von aktuellen Veränderungsprozessen. Gefühle haben in Organisationen erhebliche Auswirkung auf die Motivation, auf die Loyalität, auf die Bindung zum Unternehmen und auf die Produktivität (Lenglachner a. Hüther 2013); zum Beispiel, wenn es gelingt, die Ziele der Organisation mit der Sinnperspektive der Mitarbeiter einigermaßen zu synchronisieren und Begeisterung für Ziele und Strategien auszulösen. Beim Management von Emotionen im Veränderungsprozess sind daher folgende Interventionen hilfreich:

Erstens die »Gefühle zum Denken nutzen«, also dafür sorgen, dass im Entwicklungsprozess Gefühle einen Platz haben und zur Wahrnehmung von Problemen und zur Identifikation des Neuen genutzt werden können.

Zweitens den durch die Veränderung mobilisierten Gefühlen von Personen und Gruppen, die stark betroffen sind, ausreichend Aufmerksamkeit widmen; beispielsweise durch Veranstaltungen, in denen Sorgen und Gefühle angesprochen werden können und die Führungskräfte darauf eingehen.

Und *drittens* helfen Rituale, die dem Abschied vom Alten oder der Begrüßung des Neuen dienen und in deren Rahmen die Möglichkeit besteht, Gefühle wie beispielsweise Trauer kollektiv auszudrücken, zu durchleben und dadurch besser zu verarbeiten (Welter-Enderlin 2004; zum Umgang mit Emotionen siehe auch Kap. 4 und 6).

3.3 Führungsgetriebene Veränderung und selektive Partizipation

Die Berücksichtigung und Beteiligung unterschiedlicher Stakeholder-Gruppen im Veränderungsprozess ist ein Grundprinzip der Organisationsentwicklung. Es basiert auf der systemtheoretischen Einsicht, dass Systeme nicht von außen linear verändert werden können und dass Systeme mit ihren relevanten Umwelten – inneren und äußeren – (langfristig) eine Überlebenseinheit bilden (siehe auch Kap. 2). Zwischen den Stakeholdern – z. B. Führungskräften und Mitarbeitern – gibt es eine wechselseitige Abhängigkeit, auch bei bestehender Machtasymmetrie. Das gilt umso mehr, je höher der wissensbasierte Anteil der Arbeit ist, wenn Mitarbeiter daher schwer zu ersetzen sind bzw. selbstständige, eigenverantwortliche Arbeit und Motivation entscheidend für den Erfolg der Arbeit sind (Willke 2011).

OE wird in historischen Rückblicken, aber auch in aktuellen vergleichenden Analysen zu Veränderungsansätzen mit breiter Beteiligung (»Betroffene zu Beteiligten machen«) assoziiert, was historisch, jedenfalls für den angloamerikanischen Raum, nicht zutrifft (Janes, Prammer u. Schulte-Derne 2001). Für die systemische Organisationsentwicklung, wie wir sie vertreten, ist eine *führungsgetriebene Veränderung* mit *selektiver Partizipation* die Leitlinie.

Den Führungskräften kommt eine zentrale Rolle in der Organisationsentwicklung zu. Sie sind Auftraggeber, Entscheider und Promotoren des Prozesses. Sie setzen Rahmenbedingungen für die Entwicklung des Neuen und setzen neue Lösungen in Kraft. Sie bringen positionelle Macht für die Durchsetzung der Veränderung ein. Das ist nicht primär Ausdruck von Hierarchie und Macht, sondern funktional bedeutsam. Sie haben in der OE wichtige Funktionen zu erfüllen und Rollen wahrzunehmen. Je nach Gegenstand der Veränderung sind andere Rollenträger und Funktionsgruppen mit unterschiedlicher Intensität in den Prozess einzubeziehen. Führungskräfte entscheiden letztlich, wer in welcher Weise aktiv in den Veränderungsprozess einbezogen werden soll. Für Entwicklung und Umsetzung sind sie auf andere angewiesen: nachgeordnete Führungskräfte, interne Spezialisten, Mitarbeitergruppen, Kunden, Kooperationspartner. Führungskräfte und ihre Helfer sind Manager des Veränderungsprozesses. Sie stehen dabei unter der doppelten Anforderung, inhaltliche Perspektiven einzubringen und Prozesse zu managen. *In der OE macht der Prozess den Unterschied.*

Um die Beteiligung der verschiedenen Stakeholder angemessen zu bestimmen, ist die System-Umwelt-Differenz einzuführen. Ein Instrument der Wahl ist dafür die System-Umwelt-Analyse.

Um die Qualität der Lösungen und die Akzeptanz bei der Umsetzung zu verbessern, sind daher selektive Kommunikations- und Beteiligungsprozesse zu entwerfen.

Der Umfang und die Tiefe der Partizipation sind zum Veränderungsgegenstand passend festzulegen. Es geht dabei um die Frage, welche Bezugsgruppen sinnvollerweise einbezogen und durch wen sie repräsentiert werden können. Und welche Personen und Gruppen unberücksichtigt bleiben können, ohne dass Qualität und Akzeptanz der Lösung nennenswert beeinträchtigt werden. Bei dieser Entscheidung ist es wichtig, Beteiligungsprozesse kreativ abzustufen, anstatt z. B. alle irgendwie Beteiligten in Projektgruppen und Steuerkreise einzuladen, welche dann aufgrund ihrer Größe oder Zusammensetzung nicht arbeitsfähig sind. Für unterschiedliche Stakeholder sind unterschiedliche Beteiligungsformen zu schaffen, in denen dem Bedarf an Einbeziehung in ausreichendem Maße Rechnung getragen wird. So können Gruppen und Rollenträger nur zu bestimmten Punkten oder nur in bestimmten Phasen in den Projektablauf integriert werden. Andere können in einer sogenannten Resonanzgruppe angehört oder im Rahmen eines Projektblogs informativ eingebunden werden.

Die Qualität des Veränderungsprozesses steigt, je größer die »Oberfläche« in der Beziehung zu den relevanten Umwelten ist und je mehr Personen und Rollenträger in unterschiedlicher Form und Intensität einbezogen werden. Zum Beispiel als: Beiräte, Mitglieder einer Resonanzgruppe *(sounding board)*, Entscheidungs- oder Arbeitsgruppe, Mitglied eines Entwicklungsteams, Teilnehmer an einer Großgruppenveranstaltung, Beobachter im Implementierungsprozess, Mitglied der Evaluierungsgruppe.

Je mehr Personen im Prozess eine Rolle zugewiesen bekommen, desto besser die Chancen für die Qualität und Akzeptanz der Ergebnisse; ein altes Prinzip der Gemeinwesenarbeit.

3.4 Optimierung oder Musterwechsel

Die Unterscheidung zwischen laufenden Adaptierungen und tief greifenden Veränderungen ist wesentlich, weil für beide Vorhaben unterschiedliche kommunikative Prozesse aufgesetzt werden müssen.

> »Optimierung zielt auf die Entwicklung der bisherigen Erfolgspotenziale. Es geht darum, Hindernisse zu beseitigen, die einer solchen Weiterentwicklung bisher im Wege standen. Mit Bateson (1983) sprechen wir hier vom Wandel erster Ordnung. Das grundlegende Muster, wie die Organisation gesteuert wird, ihre Leistung erbringt und sich gegenüber den relevanten Umwelten verhält, kann und soll beibehalten werden.
>
> Musterwechsel greift in tragende Aspekte der Organisationsidentität ein […]. Die Organisation setzt sich grundsätzlich mit dem Wie ihres Arbeitens auseinander. In konstruktivistisch-kybernetischer Perspektive ist ein Wandel zweiter Ordnung zu vollziehen. Wenn Organisationen ihre Kernprozesse grundlegend neu ausrichten und organisieren oder unternehmerische Verantwortung konsequent dezentralisieren, wenn das Kerngeschäft in Kooperation mit anderen Betrieben organisiert werden soll, dann – um nur einige Beispiele zu nennen – ist Musterwechsel angesagt (Cummings u. Worley 2013; Wimmer 2004). Veränderungen dieser Reichweite sind häufig mit harten Einschnitten verbunden.
>
> Der Musterwechsel braucht eine weitgehende Auseinandersetzung mit der bisherigen Funktionsweise der Organisation und auch eine tief gehende Arbeit an neuen Lösungen. Das bedingt auch meist eine breitere Beteiligung von Stakeholdergruppen. Einschneidende Veränderungen dieser Art sind auch mit mehr Verunsicherung und Emotionalisierung verbunden. Eine bewusste Auseinandersetzung mit diesen Emotionen und eine stabile Rahmung für das emotionale Geschehen sind notwendig« (Lobnig u. Grossmann 2013, S. 45 f.).

Wimmer führt mit der »vorausschauenden Selbsterneuerung« eine weitere Kategorie der Veränderungsarbeit ein. Sie zielt auf »die Steigerung der Lernfähigkeit von Organisationen« (Wimmer 2004; Grossmann u. Scala 2002a).

3.5 Linie oder Projekt

Bei der Konzeption und Umsetzung eines Veränderungsvorhabens stellt sich die Frage, wie die Suche nach einer passenden Lösung am besten organisiert werden kann. Ist dies im Rahmen von Routinebesprechungen möglich oder müssen zusätzliche Kommunikationsgelegenheiten geschaffen werden? Zum Beispiel die Organisation einer Klausur, einer Großgruppenveranstaltung oder die Schaffung einer Parallelorganisation, eines Innovationssystems.

Organisationen entwickeln sich durch die Nutzung ihrer Unterschiede und durch die Einführung neuer Unterschiede. Unterschiede und Vielfalt beziehen sich auf Wissen, Ideen, Organisationsstrukturen, Verfahren, Einstellungen und Werthaltungen. Unterschiede werden wirksam, wenn sie wahrgenommen werden. Die Organisation lernt, wenn Unterschiede in ihrer Bedeutung wahrgenommen werden.

Ein effektives Modell der OE ist der Aufbau eines Innovationssystems. Ein Projekt kann so ein Innovationssystem sein. Ein Projekt ist eine neue Organisation innerhalb einer Organisation oder zwischen mehreren sozialen Systemen. Ein Projekt ist eine neue Organisationsform, um komplexe, neue, intersektorale und riskante Aufgaben zu bewältigen. Ein Projekt ist ein Instrument des geplanten organisatorischen Wandels. Der Veränderungsprozess lebt von der Differenz und der Spannung zwischen der Projektorganisation und der hierarchischen Linienorganisation. Um diese Differenz zwischen dem Projekt und dem Alltagsleben in der Routineorganisation nutzen zu können, braucht das Projekt eine eigene, stabile, zeitlich begrenzte und anerkannte Organisation. Ein Innovationssystem braucht Autonomie und zugleich eine enge Beziehung zur Stammorganisation. Diese Beziehung muss permanent bearbeitet und den Veränderungen im Prozess angepasst werden. Das Scheitern eines solchen Innovationssystems ist oft dadurch verursacht, dass das Projekt entweder zu wenig oder zu viel Autonomie hat (vgl. Grossmann u. Scala 2011).

Berater gehen häufig davon aus, dass für alle tiefer eingreifenden Veränderungsprozesse jedenfalls ein Projekt aufzusetzen wäre. Aus der Sicht von Führungskräften muss das aber nicht zwangsläufig so sein, sondern ist für jedes Veränderungsvorhaben gesondert zu entscheiden. Die Entscheidung hängt von der Dimension des Veränderungsprojektes ab. Wenn das Veränderungsvorhaben nur wenige Personen betrifft und im Rahmen des Regelbetriebs und der Regelkommunikation ausreichend verhandelbar ist, dann spricht nichts dafür, ein eigenes Projekt aufzusetzen. Denn explizite Veränderungsprojekte werden in der Organisation vor dem Erfahrungshintergrund bereits früherer Veränderungsprojekte klassifiziert und eventuell entsprechend kritisch beurteilt. Da Organisationen mit größeren Veränderungsprojekten selten nur gute Erfahrungen gemacht haben, erzeugt das Aufsetzen eines Projektes oft eine gewisse Beunruhigung in der Organisation. Der unproblematischere Weg, sozusagen die Veränderung auf leisen Sohlen, besteht jedenfalls in der Bearbeitung der Veränderungsthematik im Rahmen des regulären Betriebs der Organisation, allenfalls ergänzt durch Arbeitsgruppen, in denen ansonsten nicht ausreichend vertretene Mitarbeitergruppen aus unterschiedlichen Bereichen der Organisation einbezogen werden. Die Wahrscheinlichkeit, dass innovative Ideen entstehen, ist größer, wenn Menschen aus unterschiedlichen Teilbereichen der Organisation mit unterschiedlichen Sichtweisen in neue Kommunikationszusammenhänge gebracht werden. Überraschende Vernetzungen sind ein notwendiges und wirkungsvolles Instrument der OE.

Es ist seitens der Führungskräfte aber darauf zu achten, dass dem Veränderungsvorhaben neben dem Alltagsgeschäft ausreichend Zeit, Raum und Energie gewidmet werden können. Ansonsten besteht die Gefahr, dass das Thema vom Alltagsgeschäft verdrängt wird. Dazu braucht es Vorkehrungen. Z. B. ist festzulegen, wer die Gesamtverantwortung für den Fortschritt der Bearbeitung übernimmt. Es braucht eine To-do-Liste, die regelmäßig bei den Besprechungen behandelt wird und in der die Aufgaben in Bezug auf das Veränderungsvorhaben auf einzelne

Personen aufgeteilt werden. Meist braucht es die Beauftragung einer Arbeitsgruppe.

Umfangreiche Veränderungsvorhaben, insbesondere solche, die einen Musterwechsel bedeuten, werden wie gesagt von Beratern, aber auch von Führungskräften meist so eingeschätzt, dass sie nicht im Regelbetrieb bearbeitet werden können. Entwicklungsprozesse, die die Kultur der Organisation insgesamt betreffen, können aber aus mehreren Gründen im Rahmen des Regelbetriebes sinnvoll sein: weil die Themen dadurch in allen Bereichen der Organisation zur Sprache kommen; weil sie dadurch wiederkehrend behandelt werden und sich so ins Bewusstsein der Menschen einprägen oder weil die Auslagerung solcher für alle wichtigen Themen in eine Projektgruppe eher zu Skepsis und Widerstand führt. Im Rahmen des Regelbetriebes ist es auch nicht erforderlich, das Veränderungsvorhaben so explizit zu machen wie im Rahmen eines Projekts, sondern die Thematik kann sukzessive in die Organisation hineingetragen werden.

Große Veränderungsprojekte, langfristig angelegt und durchgängig konzipiert, mit externer und interner Beratung, versehen mit einem großen kompakten Auftrag, also »große Entwürfe«, gibt es praktisch nicht mehr. Sie sind systemtheoretisch und aus der Sicht der OE ein Widerspruch in sich, stellen Trivialisierungsversuche dar. Viele Unternehmen mit einem Topmanagement oder einer Planungsabteilung, die noch von den großen Entwürfen träumen, schreiben solche Projekte aus, zwingen interne und externe Berater in eine angebotsbedingte Trivialisierung, um diesen Anforderungen zu entsprechen. Und dann kommt es ganz anders als geplant. Trotzdem brauchen einschneidende Veränderungen eine kühne Antizipation mit Vision und langem Atem der Führungskräfte – auch in kleinen Organisationen. Und es braucht interne und externe Berater, die sich mit ihren Konzepten und Aktivitäten auf diese Antizipation proaktiv beziehen können bzw. helfen, sie hervorzubringen (vgl. Königswieser u. Hillebrand 2005).

Ein Projekt als Innovationssystem mobilisiert und reorganisiert die Ressourcen eines oder mehrerer Systeme für neue, herausfordernde Aufgaben; es bietet eine Plattform, um neue, überraschende Kooperationen zu entwickeln und zu testen, die über die Grenzen von Organisationseinheiten, Berufsgruppen und Hierarchieebenen hinausgehen. Ein Projekt ist ein »institutionalisiertes Laboratorium«, um zukünftige Pläne zu entwerfen, zu erproben und schrittweise zu etablieren; es bietet Klienten und Mitarbeitern die Möglichkeit, neue Erfahrungen zu machen und neue Kompetenzen zu entwickeln. Es hat unvermeidlich Auswirkungen auf die Stammorganisation.

Es bietet einen geschützten Raum, um tabufrei nachzudenken, Dinge auch radikal infrage zu stellen. Es bietet Abstand zum Alltag und einen expliziten Auftrag seitens der Führungskräfte. Es bietet – allerdings viel zu selten – die Sicherstellung von zeitlichen Ressourcen für das Veränderungsvorhaben, damit es nicht im Regelbetrieb untergehen kann. Und es schafft einen direkten Kontakt zu Entscheidungsträgern, wenn sie den Entwicklungsprozess kontinuierlich begleiten. Einen Schlüssel dazu bilden der Auftrag und die Auftragsgestaltung.

Der Auftrag verbindet das Projekt mit der Stammorganisation oder anderen Organisationen. Er zeigt auf, wer am Projekt und seinen Ergebnissen interessiert ist. Das Aushandeln und Entscheiden eines Auftrags involviert die Entscheidungsträger der (relevanten) Organisation(en). Der Auftrag hilft, Ressourcen zu organisieren und den Zeitplan des Projekts aufzustellen. Der Auftrag dient dazu, Kriterien für Erfolg und Misserfolg zu definieren und am Ende eines Projekts festzustellen, ob die Ziele erreicht wurden. Der Auftrag ist ein Kommunikationsmedium, das Ideen, Wünsche und Interessen mit konkreten Aktivitäten verbindet. Die Klärung des Auftrags ist eine permanente Aufgabe und endet nicht mit dem Start eines Projekts. Der Auftrag muss während des Projektes erneuert und konkretisiert werden (ausführlicher zum Thema Projektmanagement im OE-Prozess Prammer 2009; Lobnig u. Grossmann 2013; Fallbeispiele aus der eigenen Werkstatt finden sich in Grossmann u. Scala 2002b und Grossmann u. Scala 2004).

In erstaunlich vielen Organisationen wird Projektmanagement in einer sehr technisch ausgelegten linearen Form praktiziert; paradoxerweise gerade in solchen Organisationen, in denen Projektmanagement besonders stark in den Routinen der Organisation verankert ist.

Projektmanagement im Interesse der systemischen OE braucht vor allem Aushandlungsprozesse, in Kick-off-Veranstaltungen, in Klausuren, in der Ausarbeitung von vorliegenden Projektergebnissen, in Review-Meetings oder Großgruppenveranstaltungen.

Kick-off-Meeting[5]

Funktionen:

- Der Arbeitsbeginn eines Projekts wird nach innen und außen symbolisiert,
- Der Auftraggeber formuliert (noch einmal) die Erwartungen an das Projekt.
- Die Rahmenbedingungen werden benannt.
- Die Projektmitarbeiter verschaffen sich Klarheit über den Auftrag und die Rahmenbedingungen,
- Sie diskutieren und verändern eventuell Auftragsteile und Rahmensetzungen und
- nehmen dann den Auftrag an.
- Das Vorhaben und die Teams werden emotional auf die Reise geschickt.

Struktur:

1) Einstieg

- Begrüßung durch Auftraggeber/Entscheider
- Einleitung: Entstehungsgeschichte
- Zusammensetzung der Teams und Vorstellung der Personen

5 Aus Grossmann u. Prammer 2012: Material zum Lehrgang für interne OE-Berater der Oberösterreichischen Gesundheits- und Spitals-AG.

2) Hauptteil:

- Auftraggeber formulieren Erwartungen,
- fassen den Projektauftrag zusammen und legen aus ihrer Sicht die Rahmenbedingungen fest.
- Diskussion dazu mit der Perspektive, die Ziele und groben inhaltlichen Veränderungsvorhaben zu vergemeinschaften

3) Abschluss:

- Nächste Schritte: Zeitplan – Meilensteine (zumindest erster Meilenstein)
- Schlussrunde mit kurzen Statements der Beteiligten (oder von Repräsentanten der Gruppen)
- Emotional formulierter Glückwunsch – Kick-off!

3.6 Veränderungsarchitektur

Systemisch gesehen zielen Interventionen darauf ab, Unterschiede zur Verfügung zu stellen, um einen selbstständigen Verarbeitungsprozess anzuregen. Zu den wirkungsvollsten Interventionen im Veränderungsprozess zählen Architektur und Design. Wenn Organisationen aus Kommunikation bestehen, dann geht es bei der Veränderung von Organisationen um den Umbau von Kommunikation.

Die organisatorische Gestaltung von Veränderungsprozessen wird durch die Einrichtung von nützlichen Strukturen und die passende Abfolge von Kommunikationsereignissen bewerkstelligt:

durch Strukturen und Prozesse, die es dem betroffenen System ermöglichen, neue Lösungen zu kreieren, sie durch Entscheidungen verbindlich zu machen und in den Regelbetrieb zu integrieren.

Mit Architektur werden die Strukturen wie eine Projektorganisation (Aufbauorganisation) und die Abfolge der Kommunikationsereignisse (Prozessarchitektur) beschrieben; mit Design die konkrete Ausgestaltung, die Arbeitsweise in den einzelnen Events des Prozesses.

Allgemeine Erfolgskriterien und Hinweise für die Gestaltung der Veränderungsarchitektur:

- für die zu bewältigende Problemlage funktionale Arbeitsformen finden, die Kreativität in der Entwicklung des Neuen ermöglichen, für Irritation sorgen und doch kulturell anschlussfähig sind
- eine Vernetzung von Akteuren ermöglichen, durch die Trennlinien in der Organisation und fachliche oder hierarchiebedingte Barrieren überschritten werden können
- einen guten Rhythmus finden von Entscheidung, Entwicklungsarbeit, neuerlicher Entscheidung und Inkraftsetzung von Ergebnissen
- einen guten zeitlichen Spannungsbogen in der Veränderung der Arbeit halten, d. h. auch einen guten Abstand zwischen den Events vorsehen, der Zeit für Vorbereitung und Verbindung mit dem Alltagsgeschäft ermöglicht, aber trotzdem eine gewisse Spannung im Prozess aufrechterhält
- durch die Art der Zusammenarbeit in der Entwicklung und in der Implementierung das Neue auch schon erproben und kulturell einführen
- geschützte Räume für Entwicklung und Erprobung eröffnen, aber gleichzeitig gut an die Alltagsorganisation angeschlossen bleiben
- zeit- und personelle Ressourcen sorgfältig einsetzen, aber auch so viel wie notwendig investieren, damit die Entwicklung und Verankerung des Neuen wirklich möglich wird.

Es ist wichtig, die Architektur reversibel zu halten. Sie muss einerseits mittelfristig Stabilität des Prozesses garantieren und auf diese Weise Sicherheit und Orientierung geben; andererseits offen gehalten werden für neue Themen, Ereignisse, Rahmenbedingungen.

Periodisch eingebaute Review-Meetings, in denen die Arbeit ausgewertet und Veränderungsbedarf identifiziert werden kann, sind unverzichtbare Architekturelemente.

Es können in der Architektur bestehende Gremien und Rollenträger mit neuen Funktionen und Arbeitsweisen belegt werden oder ganz neue Elemente eingeführt werden.

Die Einrichtung von Veränderungsarchitekturen wird zur Kernaufgabe für Führungskräfte und interne OE-Fachleute und sollte nicht nur externen Beratern überlassen bleiben. Um die Architektur einzurichten, braucht es die Autorität der Führungskräfte.

Die Formen der Architektur sind tendenziell unbegrenzt, aber es haben sich bewährte Formen herauskristallisiert:

- Steuerkreise, Projektgruppen und damit systematische Nutzung von Teams;
- Coaching mit Führungskräften und zentralen Rollenträgern im Projektmanagement;
- Plenarveranstaltungen und Großgruppen-Methoden;
- Dialoggruppen und Sounding Boards;
- Beobachter- und Evaluationsteams, Review-Meetings;
- interne und organisationsübergreifende Netzwerke und Kooperationen;
- Lernsequenzen im Veränderungsprozess.

Wie gesagt stellt die Entscheidung über die Architektur eines Veränderungsprozesses eine der stärksten Interventionsmöglichkeiten dar, über welche Führungskräfte verfügen. Führungskräfte können eine optimale Lösung nicht alleine erarbeiten, weil sie das Detailwissen und die Erfahrung aus allen relevanten Bereichen der Organisation nicht haben. Und sie können schon gar nicht die Lösung alleine umsetzen.

Aber sie können entscheidend Einfluss nehmen auf die Gestaltung und den Ablauf dieser Kommunikations- und Beteiligungsprozesse.

Hauptaufgabe der Führungskräfte ist nicht die Erarbeitung inhaltlicher Lösungen, sondern die Organisation des Erarbeitens von Lösungen. Sie erteilen den Auftrag, stellen Räume, Zeit, Personal und Legitimation zur Verfügung. Je offener der Prozess inhaltlich angelegt ist, desto eher ist Sicherheit notwendig, die nur über die Steuerung des Prozesses gewährleistet werden kann. *Es geht also um Prozesssicherheit und nicht um Ergebnissicherheit.* Voraussetzung für einen gelungenen Beteiligungsprozess ist die Bereitschaft von Führungskräften, einen Teil der inhaltlichen und konzeptionellen Entscheidungsmacht an die Beteiligten abzugeben. Die Aufgabe von Führung liegt in der Formulierung übergeordneter Ziele, darin, Beispiel zu geben für Werthaltungen, in der Mitwirkung an der Steuerung des Prozesses und darin, persönliche Interventionen in entscheidenden und heiklen Phasen des Veränderungsvorhabens zu setzen.

Die Kompetenz, diesen Prozess fantasievoll zu gestalten, die Entwicklung zu antizipieren und die Architektur realistisch zu planen, kann erlernt und geübt werden. Mit der Zeit entwickeln sich Erfahrungswerte. Der Einsatz von Beratern ist deshalb nicht unbedingt erforderlich.

Die Architektur ist eine soziale Konstruktion, die von bestimmten Erwartungen ausgeht. Meistens erfüllen sich die Erwartungen nur teilweise, wodurch es erforderlich ist, flexibel mit dem Plan umzugehen. Oft erweist sich im Laufe des Prozesses, dass noch zusätzliche Personen eingebunden werden müssen, dass eine zusätzliche Beteiligungsschleife notwendig ist, dass sich ein sehr ambitionierter Zeitplan nicht einhalten lässt, ohne Unruhe in das Projekt zu bringen, oder dass vor der Umsetzungsentscheidung eine ungeplante Testphase günstig wäre.

Je mehr man den Beteiligungsgedanken ernst nimmt, desto eher nimmt das Projekt einen unerwarteten Verlauf. Und dann ist es wichtig, Flexibilität in Bezug auf die geplante Architektur zu zeigen, weil dadurch den Beteiligten vermittelt werden kann, dass sie mit ihren Beiträgen ernst genommen werden. Das heißt, dass das Umstellen der Architektur im Zuge der Projektentwicklung, also die Planabweichung, nicht als Fehler in der Umsetzung einzuschätzen ist, sondern als Qualitätsmerkmal einer beteiligungsorientierten Vorgangsweise.

Die zu erwartende Abweichung ist aber nicht als Argument für den Verzicht auf den Plan zu sehen. Die Antizipation ist als Arbeitshypothese erforderlich, damit das Projekt organisiert werden kann; damit für alle eine gewisse Sicherheit des Vorgehens entsteht; damit alle wissen, wohin es geht und was voraussichtlich zu erwarten ist. In der Prozessarchitektur sind auch zwischendurch immer wieder Reflexionsphasen bezüglich der weiterführenden Prozesselemente vorzusehen. Diese Meilensteine im Projektverlauf sind also nicht nur zu nutzen, um Richtungsentscheidungen bezüglich der Sachthemen zu treffen, sondern auch bezüglich der weiteren Organisation des Arbeitsprozesses. Indem auch die Evaluierung des Prozesses und die Entscheidung über die nächsten Prozessschritte in die Prozessarchitektur integriert werden, schafft eine Führungskraft oder ein Führungsteam den Rahmen für einen flexiblen Umgang mit der geplanten Architektur und damit wieder Prozesssicherheit.

Fallbeispiel zur Architektur[6]

Das Gesundheits- und Umweltdepartement der Stadt Zürich startete 1997 ein Projekt mit dem Ziel, ein einheitliches Qualitätsmanagement in den Alten- und Pflegeheimen (mehr als 40 Organisationen) einzuführen. Das Projekt ist ein gutes Beispiel für die Verbindung von Strukturentwicklung und Lernprozessen in der Organisation (vgl. Luhmann 2004). Organisationsentwicklung braucht eine angemessene Berücksichtigung von Personen, Strukturen und Kultur. Das Vorhaben verfolgte die organisationspolitische Strategie, ein gemeinsam getragenes Qualitätsverständnis und Qualitätsmanagementsystem zu starten und nicht ein fertiges System von außen zu implementieren. Auch die Beratung[7] verfolgte als Ziel, vor allem den Know-how-Aufbau in der Organi-

6 Nähere Informationen zum Fallbeispiel in Grossmann (2002).

7 Das Projekt wurde von der Wiener Beratungsfirma Köck, Ebner & Partner konzipiert und beraten. Ralph Grossmann war als Spezialist für Organisationsentwicklung und als Partner in diesem Beratungsprozess tätig.

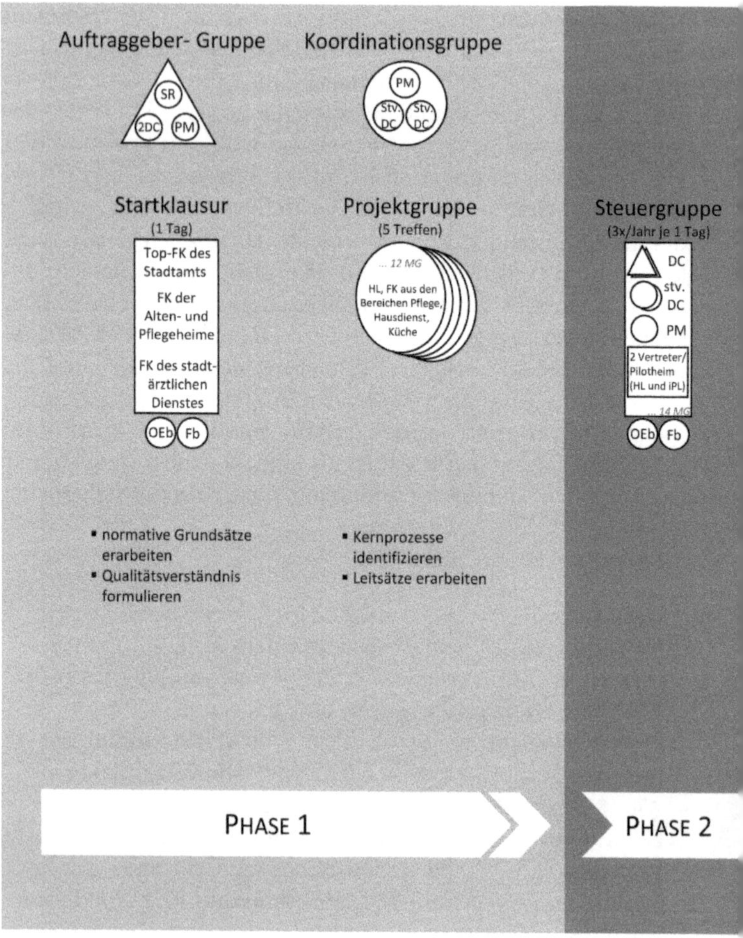

Auftraggeber- Gruppe
SR
2DC
PM
Koordinationsgruppe
PM
Stv. DC
Stv. DC
Startklausur
(1 Tag)
Top-FK des Stadtamts
FK der Alten- und Pflegeheime
FK des stadtärztlichen Dienstes
OEb
Fb
Projektgruppe
(5 Treffen)
... 12 MG
HL, FK aus den Bereichen Pflege, Hausdienst, Küche
Steuergruppe
(3x/Jahr je 1 Tag)
DC
stv. DC
PM
2 Vertreter/ Pilotheim (HL und iPL)
... 14 MG
OEb
Fb
▪ normative Grundsätze erarbeiten
▪ Qualitätsverständnis formulieren
▪ Kernprozesse identifizieren
▪ Leitsätze erarbeiten
PHASE 1
PHASE 2

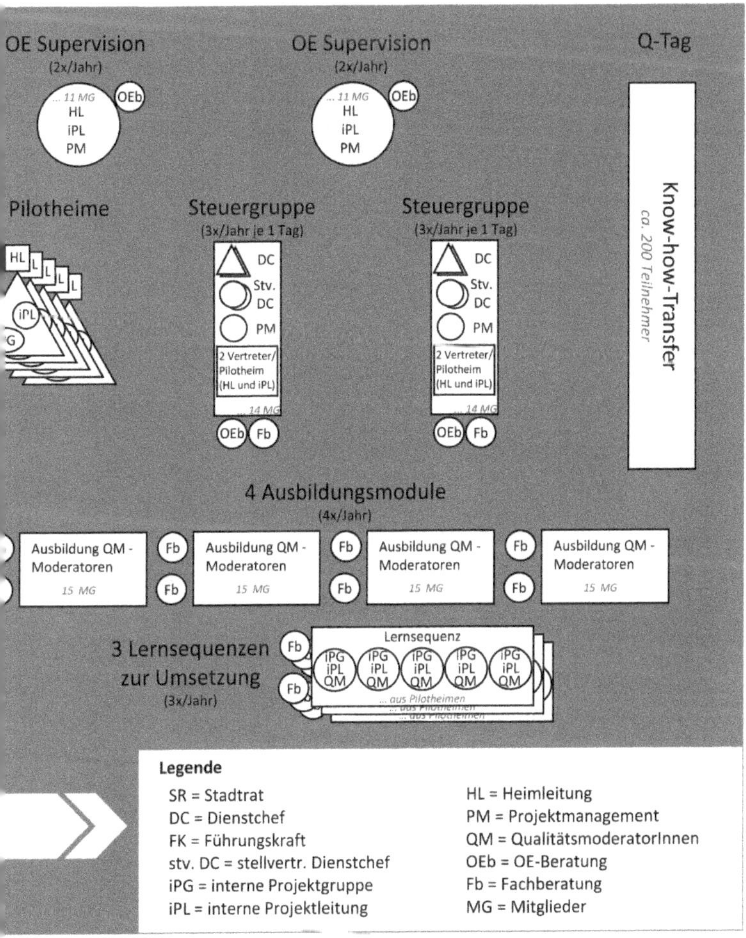

OE Supervision
(2x/Jahr)
... 11 MG
HL
iPL
PM
OEb
OE Supervision
(2x/Jahr)
... 11 MG
HL
iPL
PM
OEb
Q-Tag
Know-how-Transfer
ca. 200 Teilnehmer
Pilotheime
HL
iPL
Steuergruppe
(3x/Jahr je 1 Tag)
DC
Stv.
DC
PM
2 Vertreter/
Pilotheim
(HL und iPL)
... 14 MG
OEb
Fb
Steuergruppe
(3x/Jahr je 1 Tag)
DC
Stv.
DC
PM
2 Vertreter/
Pilotheim
(HL und iPL)
... 14 MG
OEb
Fb
4 Ausbildungsmodule
(4x/Jahr)
Ausbildung QM -
Moderatoren
15 MG
Fb
Fb
Ausbildung QM -
Moderatoren
15 MG
Fb
Fb
Ausbildung QM -
Moderatoren
15 MG
Fb
Fb
Ausbildung QM -
Moderatoren
15 MG
3 Lernsequenzen
zur Umsetzung
(3x/Jahr)
Fb
Fb
Lernsequenz
iPG
iPL
QM
... aus Pilotheimen
Legende
SR = Stadtrat
DC = Dienstchef
FK = Führungskraft
stv. DC = stellvertr. Dienstchef
iPG = interne Projektgruppe
iPL = interne Projektleitung
HL = Heimleitung
PM = Projektmanagement
QM = QualitätsmoderatorInnen
OEb = OE-Beratung
Fb = Fachberatung
MG = Mitglieder

sation zu unterstützen und so viel wie möglich intern mit eigenen Ressourcen zu bearbeiten. Das führte zu einer interessanten Kombination von Beratung, Qualifizierung und Supervision, eingebettet in eine sehr ausdifferenzierte und langfristig konzipierte Projektorganisation.

Das Fallbeispiel ist auch lernträchtig hinsichtlich der Chancen und Schwierigkeiten bei der Gestaltung von Veränderung über Pilotprojekte.

Das Veränderungsvorhaben wurde in vier Phasen durchgeführt:

Phase 1: Entwicklung einer Qualitätsphilosophie des Departements für Gesundheit und Umwelt – Konstituierung der Projektstruktur

Phase 2: Einführung eines Qualitätsmanagementsystems in fünf ausgewählten Pilotheimen

Phase 3: Ausdehnung der Pilotversuche auf 15 weitere Heime

Phase 4: Transfer vom Projekt in die Linie; Einführung des Qualitätssystems in allen 36 Heimen; Aufbau einer Unterstützungsstruktur im Sinn eines bereichsübergreifenden Qualitätsmanagements.

Die Phase der Pilotprojekte wurde genutzt, um eine Gruppe von Qualitätsmoderatorinnen auszubilden und ihnen erste Erfahrungen als interne Berater für Qualitätsentwicklung zu ermöglichen. Diese Gruppe von internen Fachkräften – Mitarbeiterinnen der Heime mit einem gewissen Stundendeputat freigestellt für die Qualitätsarbeit – sollte den Transfer des Qualitätssystems in alle Heime unterstützen und die Qualitätsprojekte im Alltag begleiten.

Die Pilotheime wurden als Projektpartner in den Veränderungsprozess einbezogen und steuerten gemeinsam mit den Amtsleitungen das Projekt. Es war das erste große Projekt, das in beiden Ämtern, die früher auch zwei unterschiedlichen Verwaltungsressorts angehört hatten, gemeinsam durchgeführt wurde. Altersheime und Krankenheime erarbeiteten im Bewusstsein der Unterschiedlichkeit ihrer Aufgaben ein einheitliches Qualitätssystem und kooperierten in allen Projektstrukturen. Der Erfahrungsaustausch vollzog sich quer zu den Amtsgrenzen.

Die langfristig stabile und den Anforderungen der unterschiedlichen Entwicklungsphasen angepasste Projektorganisation hat dem Veränderungsprozess Struktur und Sicherheit gegeben.

Phase 1: Definition der normativen Grundsätze

Die Führungskräfte des Departements wurden vom Stadtrat und den Leitern der Ämter für Krankenheime und Altersheime dazu eingeladen, ein Rahmenkonzept für die Qualitätsarbeit im Departement zu erarbeiten: die so genannten normativen Grundsätze. Es wurde ein outcome- und prozessorientiertes Qualitätsverständnis verabschiedet. Ins Zentrum der Qualitätsarbeit wurden Kernprozesse der Leistungserbringung in den Kranken- und Altersheimen gestellt.

Definition von Kernprozessen und Leitsätzen

Als nächster Schritt wurde eine aus Führungskräften der Alters- und Krankenheime bestehende Projektgruppe konstituiert, die den Auftrag erhielt, solche Kernprozesse zu identifizieren und durch Leitsätze zu konkretisieren. Bei der Zusammensetzung der zwölfköpfigen Gruppe wurde auf eine ausgewogene Mischung geachtet. Es waren Personen aus verschiedenen Bereichen vertreten: Heimleitung, Pflege, Küche, Hausdienst. Die knapp 80 Leitsätze geben den Heimen einen konkreten Rahmen vor, in welche Richtung die Qualitätsentwicklung und Qualitätssicherung weisen.

Parallel zur Erarbeitung der Leitsätze wurde die Gesamtarchitektur des Projektes konstituiert und die Phase der Pilotversuche vorbereitet. In einer internen Ausschreibung wurden die Heime eingeladen und aufgefordert, sich für die

Erprobungsphase als Pilotheime zur Verfügung zu stellen. Es wurden fünf Heime ausgewählt.

Auftraggebergruppe

Ein Veränderungsprozess von dieser Art und Dimension braucht die volle Unterstützung der politischen und administrativen Spitze und er braucht ein abgestimmtes Vorgehen der Führungskräfte. Daher wurden der Stadtrat, die Dienstchefs der beiden involvierten Ämter, der Departementsekretär und die Projektmanagerin in einer Auftraggebergruppe zusammengefasst. Diese hatte die Funktion der strategischen Gesamtsteuerung.

Als Projektmanagerin wurde eine Mitarbeiterin des Departements in einer Stabsfunktion nominiert. Der Vorteil ihrer Verankerung war die allparteiliche Position gegenüber den beiden Ämtern. Dies bedeutete zugleich auch eine Schwierigkeit, weil sie nicht in der Linienorganisation der Ämter verankert war. Die Projektmanagerin hatte die Hauptlast der Kommunikationsarbeit zwischen den Systemen zu tragen.

Koordinationsgruppe

Zur Unterstützung der Planungsarbeit und des Projektmanagements wurde eine aus drei Personen (den stellvertretenden Dienstchefs und der Projektmanagerin) bestehende Koordinationsgruppe eingerichtet. Damit war sie ein Bindeglied zwischen Auftraggeber, Steuerungsgruppe und Beratergruppe und gab der Projektmanagerin Unterstützung und Rückhalt für ihre exekutiven Aufgaben.

Steuerungsgruppe

Im Sinn eines partnerschaftlich getragenen Veränderungsprozesses wurden die Heime in die operative Steuerung des Projektes als ›Mitunternehmer‹ eingebunden. Der Steuerungsgruppe gehörten die Dienstchefs der beiden Ämter, ihre Stellvertreter, die Projektmanagerin und je zwei Vertreter der ersten fünf Pilotheime an, und zwar jeweils der Heimleiter sowie der interne Projektleiter.

Heimleiter und interne Projektleiter

Auf der Ebene der einzelnen Heime wurden zwei Rollen definiert, die im Qualitätsentwicklungsprozess eine zentrale Aufgabe zu übernehmen hatten: die Heimleiter – als Auftraggeber der Pilotprojekte – als für die Qualitätsarbeit verantwortliche Führungskräfte und ein interner Projektleiter als Koordinationsinstanz für alle Qualitätsprojekte. Die internen Projektleiterinnen wurden mit der Perspektive eingerichtet, nach Abschluss der Projektphase im Alltagsbetrieb als Qualitätsbeauftragte des jeweiligen Heimes zu fungieren.

Phase 2: Die Verknüpfung von Lernen und Praxis

Das fest verankerte Muster, zuerst in Fortbildungsseminaren zu lernen – meist von der Alltagsarbeit und den Kolleginnen getrennt – und dann das Gelernte individuell in der Organisation umzusetzen, muss man aus systemtheoretischer Perspektive und gestützt durch Erfahrungen aus vielen Beratungsprozessen infrage stellen sowie zugleich auf die Chancen hinweisen, im Beratungsprozess zu lernen. Veränderte Kommunikationsstrukturen ermöglichen neue Erfahrungen und Einsichten. Immer wieder beobachten wir in der Arbeit als Berater, wie rasch neue Wege der Arbeit und der Kooperation gefunden werden und wie sich eingefahrene Organisationsmuster und Konfliktlinien auflösen können, sobald neue Formen der Arbeit eingerichtet sind.

In der Phase 2 wurden in den Pilotheimen exemplarische Entwicklungsvorhaben zu einem Kernprozess oder zu Teilen dieses Kernprozesses durchgeführt. Die organisationsinternen Entwicklungsteams wurden von den parallel qualifizierten Q-Moderatoren unterstützt. In den umsetzungsorientierten Lernsequenzen arbeiteten diese Q-Teams der Heime mit ihren Moderatoren und beraterisch unterstützt von den externen Qualitätsberatern an ihren Vorhaben.

Für die Heimleiter und internen Projektleiter wurde auch noch eine Supervision zu den mit der Qualitätsentwicklung verbundenen Fragen der OE angeboten.

Die Phase 2 wurde mit einem Q-Tag für ca. 200 Personen abgeschlossen. Mit dieser Großgruppenveranstaltung wurde der Übergang zu einer zweiten Pilotphase mit einer größeren Anzahl von Heimen eingeleitet. Das weiter unten dargestellte Designbeispiel bezieht sich auf diesen Q-Tag.

3.7 Design

Design ist das Ergebnis einer Entscheidung darüber, wer sich wann mit welchen Mitteln oder Medien zu welchem Thema an der Kommunikation beteiligt. Bei Design handelt es sich also um eine Steuerungsform für Kommunikation. Es muss entschieden werden, wie in einer Organisation oder in einem bestimmten Teil einer Organisation, in einer Besprechung oder in einer Veranstaltung miteinander kommuniziert wird. Die systemische OE geht davon aus, dass die Kommunikationsform, die Art und Weise, wie Personen, Gruppen und Organisationsteile zueinander in Beziehung gesetzt werden, den Inhalt und das Ergebnis der Zusammenarbeit mitbestimmt. Beispielsweise macht es einen Unterschied, ob in einer Besprechung die Führungskraft, die die Sitzung leitet, hauptsächlich selber spricht, alle inhaltlichen Punkte einbringt und die Teilnehmer nur beiläufig ihre Meinung äußern können oder ob bei der Bearbeitung der anfallenden Themen auch eine horizontale Kommunikation stattfindet, beispielsweise Diskussionen in Untergruppen, die ihre Ergebnisse in die Gesamtgruppe einbringen. Dadurch erhalten die Ergebnisse eine größere inhaltliche Breite und Qualität sowie eine bessere Akzeptanz.

In der OE geht es darum, Systeme in ihrer inneren Arbeitsfähigkeit zu unterstützen, also die Problemverarbeitungskapazität eines Systems, eines Teams, einer Abteilung oder einer Gesamtorganisation zu verbessern. Design ist die Antwort auf die Frage, wie miteinander kommuniziert werden kann, damit diese Kapazität im Organisationsalltag und im Veränderungsprozess gesteigert werden kann.

Designs haben die Funktion, diese Arbeitsfähigkeit zu optimieren und den Ressourcen der Mitarbeiter zur Entfaltung zu verhelfen. Es geht darum, dass sich die Beteiligten einbringen können, dass sie gehört werden und dass sie sich zu den Ergebnissen in Beziehung setzen können. *In diesem Sinne ist Design so etwas wie eine Schlüsseltechnologie für OE.* Damit zählt es zu den anspruchsvollsten Aufgaben der Führungskräfte und der internen Experten.

Die Designgestaltung braucht Expertise, Legitimation und Autorität, Letztere durch den Auftrag einer Führungskraft. Die Designgestaltung durch interne und externe Experten ist aber auch eine Entlastung für Führungskräfte, weil sie die Verantwortung für den Ablauf auf mehrere Rollenträger verteilt.

Die Fokussierung auf gut durchdachte Designs und die Ausbildung von Mitarbeitern auf diesem Gebiet ist eine der wirkungsvollsten Interventionen, Organisationen zukunftsfähig zu machen. Der Umbau von Kommunikation in einer Organisation wird wesentlich durch Architektur und Design geleistet.

Wie wir aus eigenen Beratungserfahrungen, aus Forschungsarbeiten von Führungskräften, internen und externen Beratern wissen[8], werden Besprechungen und Veranstaltungen in vielen Organisationen des Profit- und Non-Profit-Sektors immer noch erstaunlich traditionell, also linear gestaltet. Das limitiert wesentlich die fachlichen und kulturellen Möglichkeiten der Entwicklung dieser Organisationen.

8 Masterarbeiten und Dissertationen zwischen 1999 und 2014 im Kontext des Master of Science in Organization Development und des Doktoratsprogramms Organisationsentwicklung des Instituts für Organisationsentwicklung und Gruppendynamik an der Alpen-Adria-Universität Klagenfurt.

Der in der Veränderungsarchitektur zum Projekt Qualitätsmanagement der Stadt Zürich (siehe oben) vorgesehene Qualitätstag wird als Beispiel für ein Design herangezogen.

Fallbeispiel zum Design[9]

Q-Tag: 9:00–16:40 Ort: Stadtsaal

Das Design wurde erstellt von der Koordinationsgruppe und dem OE-Berater.

200 Leute, Pilotheime, Delegierte der anderen Heime, die Gruppen der anderen Heime zusammengesetzt je nach Größe des Heims und Kriterien wie Heimleiter, andere Führungskräfte, unterschiedliche Berufsgruppen. Der Q-Tag wird vom OE-Berater moderiert.

9:05 Eröffnung durch Projektmanagerin (gibt ihr Sichtbarkeit in der Gesamtorganisation). Vorstellung und Einführung des Beraters/Moderators, Selbstvorstellung und Mini-Input zur Organisationsentwicklung

9:20 Berater interviewt die Amtschefs der Ämter für Krankenheime und Altenheime (die Interviewform durchbricht die Tradition von Einleitungsreferaten durch die Amtschefs).

9:40 5 Minuten

Einleitung des Programmpunkts Marktplatz – die fünf Pilotheime präsentieren sich an Ständen, die im Foyer des Stadtsaales aufgebaut sind. (Das Plenum wird in zwei Gruppen zu je 100 Personen geteilt. Erste Hälfte macht Pause, zweite Hälfte besucht den Marktplatz. Dann Wechsel – 10 Minuten Zeit für den Wechsel. Aufteilung wird schon durch farbige Karten auf den Stühlen im Plenum markiert.) Der nächste

9 Dieses Fallbeispiel wurde entnommen aus Grossmann (2014).

Programmpunkt Workshops wird auch schon angesagt. Die Pause ist dadurch schon eingebaut.

11:00 Workshop-Reihe: Sechs Workshops geleitet von Heimleitern, Q-Moderatoren, dem OE-Berater zu den Themen Qualitätsmethodik, Rolle der Q-Moderatoren, OE- und Projektmanagement für die Einführung von QM, Organisationsentwicklung in den Heimen – die Rolle der Heimleiter und der internen Projektleiterinnen, die Kernprozesse und ihre Auswahl für das QM der Heime. Workshops werden in zwei Durchgängen angeboten. Die Heimdelegationen werden angeregt, sich auf die Workshops aufzuteilen.

10 Minuten für den Wechsel von einem Workshop zum anderen.

12:45 Mittagspause im Speisesaal des Stadthauses

Umbau des Plenarsaals (der schwierigste Teil, muss praktisch von Koordinationsgruppe und Berater selbst vorgenommen werden)

14:00 Die Delegationen der Heime sitzen an kleinen runden Tischen in Sesselgruppen. Auf den Sesselgruppen ist markiert, welche Delegation wo sitzt, es sind ja über 40 Delegationen.

Die Gruppen haben 30 Minuten Zeit, sich über das Gehörte und Gesehene auszutauschen und einen Sprecher zu nominieren für ein Feedback.

14:40 Vom Moderator ausgewählte Gruppen aus unterschiedlichen Ämtern werden zum Feedback aufgefordert. Die Teams können sich dazu auch melden.

15:00 Plenarveranstaltung unter Teilnahme des Stadtrats. Die Amtschefs, die Koordinationsgruppe, die Heimleiter, internen Projektleiterinnen der Pilotheime und Vertreter der Q-Moderatoren stehen sichtbar zur

	Verfügung. Die Gruppen können Fragen, Sorgen vorbringen und ihr Interesse, zur zweiten erweiterten Pilotgruppe (15 Heime) zu gehören, anmelden.
16:20	Statement des Stadtrats – er stellt sich spontan in die Mitte des Saales.
16:30	Abschluss durch Moderator und Projektmanagerin
16:40	Ende

4 Veränderung organisieren: Phasen und Rollen in Veränderungsprozessen

4.1 *Formen von Rollen – Überblick über Phasen*

Ein Veränderungsprozess ist erst dann abgeschlossen, wenn das Neue erfolgreich in den Routinebetrieb der Organisation integriert werden konnte.

In den einzelnen Phasen der Veränderung kommt es darauf an, dass Führungskräfte, interne Experten für OE, interne Berater und Stabsmitarbeiter sowie externe Berater bestimmte Rollen übernehmen. In kleinen Organisationen, in denen es kaum interne Berater oder Stabstellen gibt, können diese Rollen auch Mitarbeitern übertragen werden, die andere Hauptaufgaben erfüllen. Je differenzierter die Problemstellung, umso sorgfältiger sind die einzelnen Rollen auszuformen. In dem Maße, in dem die Komplexität und die Notwendigkeit von Flexibilität in Organisationen zunehmen, wird es notwendiger, mehr und differenziertere Rollen in Veränderungsprozessen, aber auch im Alltagsgeschäft festzulegen, um die vorhandene Komplexität adäquat abzubilden (Miles a. Snow 1978; Lobnig u. Untermarzoner 2012).

Das Einrichten und Ausgestalten dieser Rollen sowie das Einführen der Mitarbeiter in neue Rollen und das Aushandeln von Rollenerwartungen ist Aufgabe der Führung in Auseinandersetzung mit den Rollenträgern. Diese Rollenformung ist deshalb wirkungsvoll, weil damit eine neue Verknüpfung von Person und Struktur geschaffen wird. Im sozialen Konstrukt der Rolle überschneiden sich die Systeme Person (»psychisches System«) und Organisation (s. Kap. 2). Neue Rollen festzulegen, nämlich die Betrauung von Personen mit besonderen Aufgaben, ist eine Maßnahme auf der Personenebene. Gleichzeitig wird mit dieser Aufgabenzuteilung ein Strukturelement in der Organisation geschaffen, was auch dazu führt, dass sich Kommunikationsstrukturen verändern. Insofern ist dieses situative Einrichten von Rollen nicht nur eine pragmatische Notwendigkeit, sondern gleichzeitig auch eine Form, sowohl Personen als auch die Organisation zu einer Entwicklung anzuregen.

Das Einsetzen von Mitarbeitern in Veränderungsprozessen und ihre Betrauung mit bestimmten Aufgaben ist eine Investition in die Entwicklungsfähigkeit einer Organisation. Dies ist eine wirksame Ergänzung zur Verankerung hauptberuflicher interner Berater auf dem Gebiet der OE. Der Einsatz von wenigen internen Experten kann aus Sicht der Mitarbeiter zu einer Engführung des Veränderungsprozesses führen, und zwar weil viele Aufgaben bei den Experten gebündelt werden, die auch von Mitarbeitern im Sinne der selektiven Partizipation wahrgenommen werden könnten.

Je größer und differenzierter ein Unternehmen ist – z. B. bei der Gliederung in ertragsverantwortliche Geschäftsfelder oder im Rahmen von Holdingstrukturen –, desto eher lässt sich der Einsatz von mehreren hauptberuflichen internen Beratern rechtfertigen. In solchen Unternehmen und Organisationen ist es notwendig und anspruchsvoll, den Überblick über das Veränderungsprojekt zu behalten und als koordinierender Ansprechpartner für die Führung dienen zu können. Viele interne OE-Experten müssen zusätzlich den Überblick über das Management eines Projektportfolios wahrnehmen.

Das Einbeziehen von Mitarbeitern aus dem operativen Geschäft in Spezialrollen im Veränderungsprozess ist im Sinne der Mobilisierung des Systems für die Veränderung eine Erfolg versprechende Strategie.

Praxisbeispiel: Erweiterung der OE-Kompetenz im Krankenhaus – Qualifizierung und Verankerung von internen Beratern für OE[10]

Die Oberösterreichische Gesundheits- und Spitals-AG (GESPAG) betreibt als ausgegliedertes Unternehmen der Landesregierung 10 Spitäler mit rund 10.000 Mitarbeitern im Land Oberösterreich. Im Jahr 2010 startete die GESPAG ein Programm zur Qualifizierung von Fachkräften zum Thema ›Interne Organisationsberatung‹ und zur Implementierung der Rolle der internen Organisationsberatung. Auf Krankenhausträger-Ebene gibt es bereits eine Abteilung für Organisationsentwicklung, die Veränderungsprozesse seit Jahren erfolgreich unterstützt. Mit dem Programm beabsichtigt der Träger, eine breitere Know-how-Basis in den Häusern aufzubauen, um Veränderungsprozesse, die mit der landesweiten Krankenhausreform einhergehen, zeitnah und lokal verankert unterstützen zu können. Diese internen Organisationsberater sind nicht als Vollzeitstellen konzipiert, sondern als ›Zusatzfunktionen‹ von Fachkräften in anderen Kernfunktionen, wie Qualitätsmanagement, Controlling, Pflege und Medizin, technischer Bereich.

Ein Beraterteam unter der Leitung von Ralph Grossmann mit den Beratern Garbsch, Lobnig, Prammer wurde mit der Durchführung dieses Projekts beauftragt.

Im Rahmen eines intentionalen Veränderungsprozesses können folgende fünf Phasen unterschieden werden:

- Diagnose erstellen
- Ziele formulieren
- Lösungen entwickeln
- Ergebnisse implementieren
- Nachhaltigkeit sichern

10 Dieses Fallbeispiel ist zitiert nach Untermarzoner 2013, S. 226.

Phasenmodelle sind eine Konstruktion und immer auch unzutreffend. Sie sind eine Orientierungshilfe für die Antizipation eines Prozesses, für die Darstellung des Vorhabens z. B. gegenüber den Auftraggebern und für die Kalkulation der Ressourcen z. B. für interne Berater gegenüber planorientierten Vorgesetzten oder für externe Berater, die ihr Vorgehen übersichtlich darstellen wollen und phasenspezifisch kalkulieren.

Wie schematisch das Phasenmodell ist, zeigt sich insbesondere an der Implementierungsphase und der Sicherung der Nachhaltigkeit (siehe unten).

4.2 Diagnose erstellen: Selbstbeobachtung ist Umweltbeobachtung

Die systematische Beobachtung wichtiger Umwelten und die Auswertung dieser Beobachtungen hinsichtlich des Gestaltungsbedarfs ist eine wesentliche Voraussetzung für gelingende OE.

Es ist eine zentrale Aufgabe von Führungskräften, eine Unterscheidung zwischen funktionalem und dysfunktionalem Geschehen in der Organisation zu treffen. Es obliegt ihnen zu beurteilen, welche Vorgänge dem Organisationszweck dienen und welche kontraproduktiv sind. Die Herausforderung besteht darin, zu entscheiden, ob in einer bestimmten Situation eine Führungsintervention erforderlich ist oder ob weiterhin die genaue Beobachtung der Entwicklung ausreicht (vgl. Bauer 2009, S. 185 ff.).

In serviceorientierten Betrieben können Befragungen der Kunden oder der Klienten genutzt werden.

Es ist günstig, wenn Führungskräfte den Übergang von der Umweltbeobachtung zum adaptiven Veränderungshandeln der Organisation durch eine deutlich kommunizierte Entscheidung markieren. Für diesen Beobachtungs- und Auswertungsprozess ist die System-Umwelt-Analyse – ein Klassiker der systemischen OE – das Instrument der Wahl.

System-Umwelt-Analyse
Dabei handelt es sich um ein passendes methodisches Instrument, weil Organisationen eben in ihrem Überleben und ihrem Erfolg untrennbar mit ihren wichtigen Umwelten verbunden sind. Das Sichtbarmachen dieser wichtigen Umwelten und der eigenen Verbindung zu ihnen ist daher ein wirkungsvolles Interventionsinstrument. Beispiele von relevanten Umwelten sind: die Mitarbeiter, unterschiedliche Ebenen des Managements, die Kunden, die Geldgeber, die Mitbewerber, das Rechtssystem, Einrichtungen der Zivilgesellschaft, das soziale, wirtschaftliche oder politische Feld, in dem die Organisation tätig ist, und als symbolische Umwelt auch das Wissen, über das eine Organisation verfügt, oder die Vergangenheit einer Organisation, welche auf die Gegenwart wirkt.

Dadurch wird klar, wer die relevanten Stakeholder sind und wessen Sichtweise besonders einbezogen werden soll. Auch am Übergang von der Diagnose zur Ausgestaltung des Veränderungsprozesses ist die System-Umwelt-Analyse hilfreich, beispielsweise wenn es um die Frage geht, welche Mitarbeitergruppen oder Führungskräfte besonders beteiligt werden sollen.

System-Umwelt-Analyse bedeutet die bewusste Beobachtung einzelner Aspekte in der Umwelt der Organisation. Sie kann Bewusstsein dafür schaffen, dass es gar nicht selbstverständlich ist, brauchbare Bilder der gegebenen Situation verfügbar zu haben. Sie hilft Nichtwissen, Unsicherheit und weiße Flecken in diesen Bildern zu akzeptieren und sich vor einer vorzeitigen Schließung des Bildes im Sinne einer umfassenden Bedeutungszuschreibung zu hüten. Denn die vorzeitige Zuschreibung einer Bedeutung führt zu der Tendenz, Dinge eher nur schwarz oder weiß zu sehen und differenzierende Aspekte des Bildes auszublenden. Es gilt auch zu lernen, Widersprüchlichkeiten in einem Bild auszuhalten, weil aus diesen Widersprüchlichkeiten differenzierte Sichtweisen erwachsen können (vgl. Königswieser u. Hillebrand 2005; Prammer 2009, S. 226 ff.), zum Beispiel in der Ausgestaltung der Diagnose und der Strategieentwicklung (Schulte-Derne 2005).

Rolle der Führungskräfte

Der Ansatz der systemischen OE geht davon aus, dass die Veränderungsarbeit im System zu leisten ist und daher auch das System selber zu entscheiden hat, worin der Veränderungsbedarf besteht. Aus der Sicht des jeweiligen Topmanagements betrachtet spricht viel dafür, die Führungskräfte anderer Einheiten und die Mitarbeiter selber an der Diagnose zu beteiligen, damit ein entsprechendes Commitment für den Veränderungsbedarf erzeugt werden kann und die Veränderung nicht nur in der Verantwortung einer Führungskraft oder eines Führungsteams dekretiert wird. Das erfordert einen strategischen Rahmen, in dem die Initiativen gesetzt werden und in den die Ergebnisse dieser Arbeitsphase wieder zurückkehren. Diesen Rahmen kann zumeist nicht eine einzelne Führungskraft repräsentieren, sondern eine übergreifende Gruppe von Führungskräften. Wimmer (1993) arbeitet überzeugend heraus, dass bei einschneidenden Veränderungsprozessen die horizontale und vertikale Kooperation der ersten und zweiten Führungsebene eine kritische Größe für den Erfolg der Veränderung ist.

Gestaltungs- und Steuerungswille der Leitung		
stark	I hohe Reibungsverluste	III großer Wirkungsgrad erwartbar
schwach	II Das Scheitern ist vorprogrammiert	IV begrenzte Reichweite
	schwach	stark horizontale und vertikale Kooperationsbereitschaft der nächsten Ebene

Abb. 5: Wirkung des Zusammenspiels von 1. und 2. Führungsebene (Grossmann nach Wimmer 1998)

Dabei ist es nützlich, wenn Mitarbeiter und Führungskräfte die Datensammlung und Interpretation der Ergebnisse selber vornehmen, gemeinsam die Beobachtungen zusammentragen und sie dann zu Annahmen über die vorliegende Situation verdichten. Daraus folgen ein *gemeinsames* Bild der gegebenen Situation und eine *gemeinsame* Antwort auf die Frage, ob und inwiefern Veränderungsbedarf erkannt wird. Diese Phase entspricht der Hypothesenbildung bei der systemischen Schleife (s. Kap. 2).

Führungskräfte haben die Aufgabe, ihre Organisation bei der Beobachtung und Interpretation anzuleiten und bestimmte Schwerpunktsetzungen der Beobachtung oder Fokussierungen auf bestimmte Aspekte, z. B. auf den Zielerreichungsgrad, vorzunehmen. Unterschiedliche Rollen der Beobachtung und Erhebung bzw. Berichterstattung können verteilt werden. Bei dieser Aufgabe kommt den ersten beiden Führungsebenen einer Organisation eine Schlüsselrolle zu.

Es kann z. B. bei einer gemeinsamen Klausur der inhaltliche und organisatorische Rahmen abgesteckt werden, in dem ein Veränderungsprozess ablaufen soll. Aus diesen Überlegungen heraus können weitere Aktivitäten festgelegt werden, die einer Vertiefung der Problemdiagnose dienen. Dies könnte beispielsweise der Auftrag an eine Arbeitsgruppe von Mitarbeitern sein, gezielte Erhebungen vorzunehmen, Interviews zu machen und die Ergebnisse zurückzuspiegeln. Oder Veranstaltungen durchzuführen, in denen Stakeholder der beteiligten Umwelten gezielt eingeladen werden, ihre Sichtweisen beizusteuern. Das übergreifende Führungsteam kann dann die Ergebnisse verarbeiten und Entscheidungen über die Ziele des Vorhabens treffen.

Ein Fallbeispiel zur Diagnose[11]

Der OP-Betrieb eines Krankenhauses gerät in eine Krise

In einem Schwerpunktkrankenhaus mit konfessioneller Trägerschaft, angesiedelt in einer Tourismusregion, wechselt die ärztliche Leitung der unfallchirurgischen Abteilung. Gleichzeitig wird die Abteilung fachlich modernisiert. Durch die Einführung neuer unfallchirurgischer Verfahren steigt die Anzahl der durchgeführten Operationen sprunghaft an. Der baulich und technisch veraltete und ohnehin schon überlastete OP-Betrieb gerät an den Rand des Zusammenbruchs. In der Krankenhausleitung und unter den betroffenen Mitarbeitern herrscht eine ziemliche Krisenstimmung. ›Den nächsten Winter‹ – traditionelle Hochsaison auch für die Unfallchirurgie an diesem Standort – ›überleben wir so nicht mehr!‹ Die geistliche Leitung des Krankenhauses und der ärztliche Direktor ergreifen die Initiative.

Zwischen Krankenhausleitung und Beratern wurde eine zeitlich und ressourcenmäßig sehr begrenzte Intervention vereinbart.

Im Rahmen einer Befragung von Schlüsselpersonen und Vertretern der beteiligten sozialen Systeme und Berufsgruppen versuchten wir die Problemlage aus den unterschiedlichen Perspektiven kennenzulernen. Gleichzeitig wurde auf diese Weise eine persönliche Beziehung zu den handelnden Personen angebahnt und die Möglichkeit eröffnet, Ziel und Arbeitsweise des geplanten Organisationsentwicklungsprojekts auch persönlich zu erläutern. Angesichts des wirklich großen Problemdrucks war die Bereitschaft zu einem offenen Gespräch und dazu, Energie in ein solches Projekt zu investieren, durchwegs vorhanden. Beratungsmethodisch war darauf zu achten, einerseits die notwendigen Informationen

11 Das Fallbeispiel wurde entnommen aus Grossmann u. Prammer (1998, S. 128–131).

für eine rasche Orientierung zu gewinnen und andererseits nicht zu sehr zum Wissens- und Geheimnisträger zu werden bzw. das Klientensystem nicht von der Notwendigkeit, sich eine gemeinsame Problemsicht zu erarbeiten, zu entlasten.

Befragt wurden die Chefärzte der für den OP-Betrieb wichtigsten Abteilungen, Unfallchirurgie und allgemeine Chirurgie, der Chefarzt der anästhesiologischen Abteilung, drei Oberärzte (Unfallchirurgie, allgemeine Chirurgie, Gynäkologie), sechs OP-Schwestern und OP-Gehilfen, die leitende OP-Schwester und die Leiterin des Pflegedienstes. Dabei stellte sich zum Beispiel heraus, dass die Oberärzte in dieser Form zum ersten Mal gemeinsam über die Grenzen einzelner Abteilungen hinweg die Probleme des OP-Betriebs und der Koordination der Abteilungen besprochen haben. Die Runde der Oberärzte war eine für die Entwicklung der Projektarbeit wichtige Kooperationsstruktur, die bereits in der Erhebungsphase initiiert wurde. Ergänzt wurde die Erhebung durch ein Gespräch mit den Auftraggebern, mit der Geschäftsführerin des Krankenhauses, die wirtschaftlich und organisatorisch den Orden vertritt, und mit dem ärztlichen Direktor.

An einer Startklausur haben rund zwanzig Personen teilgenommen: die Leitung des Krankenhauses, die Chefärzte der operierenden Abteilungen und der anästhesiologischen Abteilung, OP-Schwestern einschließlich der leitenden OP-Schwester und OP-Pfleger sowie Anästhesieschwestern. Schon die Zusammensetzung des Plenums sollte deutlich machen, dass die »OP-Krise« nicht als Problem einzelner Personen angesehen werden kann und dass die Funktionsfähigkeit des OP-Betriebs nur in einem komplexen Prozess der Kooperation und Koordination unterschiedlicher Funktionsgruppen und Organisationseinheiten gewährleistet werden kann und auch Entscheidungen der Krankenhausleitung verlangt. Das Kick-off-Meeting wurde von den Beratern moderiert.

Die unterschiedlichen Problembeschreibungen und Einschätzungen aus den Interviews wurden von den Beratern thesenhaft als fokussierte Rückmeldung eingebracht und aus den unterschiedlichen Berufs- und Funktionsperspektiven kommentiert und ergänzt. In einem längeren Diskussionsprozess wurden die Angelpunkte einer gemeinsamen Problemdiagnose herausgearbeitet und eine erste Fassung des Projektauftrags formuliert.

Nach einer kurzen Einführung in Projektmanagement wurde aus dem Plenum eine Projektorganisation eingerichtet, die noch im Rahmen des Kick-off-Meetings ihre Arbeit aufgenommen hat. Der Projektauftrag wurde spezifiziert und verabschiedet.

Übersicht zum Projektablauf:

3. Juli	Projektstart
↓	Interviews zur Ist-Situation
	Beraterhypothesen zur Ausgangssituation
7. Oktober	Präsentation der Interviewergebnisse/ Beraterhypothesen
↓	Kick-off-Meeting (Definition des P-Auftrages, Einrichtung einer P-Organisation, Festlegung der personellen Beschickung Entscheidergruppe und Projektteam)
↓	....
25. Dezember	Inkrafttreten der Projektergebnisse.

Sobald Führungskräfte entscheiden, Mitarbeiter an der Diagnose zu beteiligen, sind sie bereits mitten im Veränderungsprozess. Die Entscheidungen, diagnostisch tätig zu werden und andere an diesem Prozess zu beteiligen, sind Interventionen der Veränderung. Die Diagnosetätigkeit bringt das Thema auf die Agenda, fokussiert auf bestimmte Sichtweisen und weckt Erwartungen. Widerstände werden mobilisiert, sachliche Sichtweisen werden durch emotionale Haltungen überlagert. Auch wenn wir die Diagnosephase, die Phase der Lösungsfindung und die Phase der Umsetzung in unserer Betrachtung trennen, so handelt es sich doch um einen einheitlichen Veränderungsprozess.

Überlegungen zur Zusammensetzung von Gruppen und Teams für diese und auch andere Phasen der Veränderung:

Bei der Zusammenstellung der Gruppe, die mit der Analyse und Diagnose beauftragt wird, ist es wichtig, einen ausgewogenen Mix aus Reformern und Skeptikern und auch Vertretern unterschiedlicher Perspektiven auszuwählen. Es ist nützlich, wenn die innovative Seite in solchen Gruppen ausreichend vertreten ist, aber auch genügend Personen wichtige Gegenpositionen einbringen. Dazu gehören auch Betriebsräte als Vertreter der Arbeitnehmer, wenn diese in der Organisation eine wesentliche Rolle spielen. Auch Gruppen von Beschäftigten, die von einer möglichen Veränderung besonders betroffen sein könnten, sollten von Anfang an in den Prozess einbezogen werden.

Es braucht die Beteiligung der relevanten Entscheidungsträger. Das bedeutet, dass die verantwortlichen Führungskräfte und Gremien von Beginn an in den Veränderungsprozess, auch in den Analyseprozess, einbezogen werden müssen. Aus der Sicht der systemischen OE ist daher eine transparente Vorgehensweise günstig, die versucht, unterschiedliche Beteiligte mit unterschiedlichen Interessen und unterschiedlichen Positionen einzubeziehen und ihnen einen Rahmen dafür zur Verfügung zu stellen.

Trotz aller Interessen und Emotionen ist es bei der Analyse hilfreich, jene Fakten, deren Geltung bzw. Bedeutung von allen gleichermaßen anerkannt wird, außer Streit zu stellen. Es ist wichtig, dass die Not bzw. die aktuelle Problemsituation der Organisation klar angesprochen und mit einer gewissen Leidenschaft vertreten wird. Dies ist Aufgabe der Führungskräfte. Wenn eine bestehende Dramatik der Situation nicht ausreichend dargestellt wird, so werden von den Mitarbeitern die Veränderungsnotwendigkeiten nicht erkannt. Entsteht aber der Eindruck, dass die Problemlage überzogen dargestellt wurde, so wirkt die Darstellung unglaubwürdig. Wenn die Situation zu dramatisch dargestellt wird, besteht die Gefahr, damit Panik zu verbreiten.

Die ausschließliche Konfrontation mit der Not der Organisation kann aber auch den emotionalen Widerstand erhöhen, wenn vorwiegend auf der Sachebene argumentiert wird und auf die vorhandenen Emotionen nicht ausreichend empathisch geachtet wird. Es ist wichtig, bei der Problembeschreibung nicht in eine Problemtrance zu verfallen, sondern rasch zu einer lösungsorientierten Haltung zu finden. Veränderungsmanagement braucht neben Problemdruck und Lösungsorientierung auch noch weitere Faktoren, um Veränderungsbereitschaft zu fördern, entweder ein attraktives Ziel oder, wenn das Ziel ungewiss ist, weil es erst erarbeitet werden muss, dann sollte zumindest klar sein, wie der Weg Richtung Zielfindung organisiert wird.

Rolle der internen Berater

Interne Berater haben in dieser Phase folgende Aufgaben: das Beobachten der Organisation auf möglichen Veränderungsbedarf und die rechtzeitige Information der Führungskräfte; Beratung und Coaching von Führungskräften bei der Analyse vorhandener Problemlagen; Beratung beim Aufsetzen eines beteiligungsorientierten Analyseprozesses; Beratung, wer im Rahmen des Beteiligungsprozesses involviert werden soll und in welcher Form.

Diese Beratungsrolle ist deshalb wichtig, weil aus der Perspektive der Führungskraft die Frage, wer in welcher Form beteiligt werden soll, besonders schwierig zu beantworten ist. Interne Berater haben es leichter, unterschiedliche Perspektiven einzubeziehen und diese den Führungskräften zu vermitteln. In der Phase des Analyseprozesses können interne Berater auch das laufende Prozessmanagement übernehmen. Wenn es keinen internen Berater gibt, dann kann auch überlegt werden, für diese Aufgaben ein kleines Team zusammenzustellen.

Es braucht Neuerer, die reformorientiert sind, allerdings auch ordnungsorientierte Personen für das Prozessmanagement.

In der Praxis ist auch mit internen Beratern eine Teamlösung zu präferieren, die zwar etwas aufwendiger in der Organisation ist, aber den Vorteil hat, dass unterschiedliche Perspektiven den Gesamtprozess bereichern. Und es gibt mehrere Multiplikatoren, die Informationen in die Organisation tragen und Überzeugungsarbeit leisten.

Rolle der externen Berater

In der Diagnosephase hat externe Beratung hauptsächlich die Funktion, das Aufsetzen des Prozesses zu beraten. Externe Beratung könnte sich auf das Coaching der Führungskräfte beschränken. In diesem Fall werden die Mitarbeiter den Berater gar nicht zu Gesicht bekommen. Ein durchgehender Einsatz von Beratern ist kontraproduktiv, wenn Berater in die Rolle von Führungskräften geraten und damit die Führung schwächen. Besser scheint in jedem Fall eine selektive Einbeziehung von Beratung in jenen Sequenzen, für die einer Führungskraft das spezialisierte OE-Know-how fehlt. Führungskräfte sollten sich nicht nur des Nutzens, sondern auch der Risiken von Beratung sehr wohl bewusst sein. Diese Überlegung spricht sehr für den Aufbau organisationsinterner OE-Kompetenz bei der Führung. Auch diesem Ziel sollte externe Beratung in den einzelnen Phasen dienen.

Eine interne Diagnose als autonome und reflektierte Selbstbeobachtungsleistung des Systems kann durch Externe nicht ersetzt werden. Sehr wohl kann aber die Außensicht Externer die interne Analyse entscheidend ergänzen. Diese Überlegungen gelten auch für das Thema Beratung und Moderation von Gremien und Veranstaltungen.

Einerseits kann die Einbeziehung eines externen Beraters der Führungskraft eine zusätzliche Aufgabe abnehmen, andererseits kann dies aber die Führungskraft in ihrer Position als Auftraggeber und Promotor des Veränderungsprozesses schwächen. Damit könnte auch die interne Verantwortungsübernahme für den Veränderungsprozess relativiert werden. Daher spricht viel dafür, dass Führungskräfte in dieser Analysephase eine starke Rolle übernehmen, zum Beispiel indem entscheidungsorientierte Sequenzen dieses Ablaufs unter dem Vorsitz der Führungskraft ablaufen. Allerdings geben Führungskräfte diese Verantwortung gerne ab, um sich organisationspolitische Handlungsoptionen offenzuhalten. In diesem Fall delegieren sie die Verantwortung an externe Berater, die diese oft gerne annehmen, weil es Bedeutung und Geld verspricht (vgl. Grossmann 2004, S. 20 f.).

Die Erwartungen von Führungskräften an Berater haben sich in den letzten zwei Jahrzehnten sehr weiterentwickelt. Deutlich wird das in einer Studie, die wir unter Führungskräften, externen und internen Beratern 2004 durchgeführt haben, und zwar in Organisationen der öffentlichen Verwaltung und Non-Profit-Organisationen aus Österreich und der Schweiz (Grossmann 2004).

Gesucht wurden u. a. Berater, die der Organisation beim Aufbau des internen »Know-hows« behilflich sind, die Prozesse der internen Lösungsfindung gestalten und sich mit gezielten inhaltlichen Beiträgen einbringen. Weit seltener als früher wurden Berater gesucht, die externe Lösungen zu implementieren versuchen.

Interventionen

Interventionen in der Diagnosephase sollten den Beteiligten helfen, unterschiedliche Sichtweisen kennenzulernen und unterschiedliche Perspektiven einzunehmen. Dies könnte auch durch Exkursionen zu Partnerorganisationen, Dienstreisen zu interessanten Projekten (»Reisen bildet«) oder die Einladung von Experten solcher Organisationen erfolgen. Erhebungen zur Kunden- und Mitarbeiterzufriedenheit durch Fragebögen oder das Einsetzen von Fokusgruppen, in denen die Probleme aus unterschiedlichen Perspektiven beleuchtet werden, sind ebenfalls geeignete Instrumente im Zusammenhang mit der Problemanalyse (Grossmann u. Stäger 2002; Brock, Garbsch a. Wilhelmer 2014, S. 201 ff.).

4.3 Ziele formulieren

Rolle der Führungskräfte

Für die Führungskräfte geht es darum, die Ergebnisse des Diagnoseprozesses zu bündeln und festzustellen, ob und wenn ja wo Handlungsbedarf besteht.

Die Zielformulierung erlangt motivierende Kraft, wenn sie sich auf die Darstellung eines positiven Zukunftsbildes ausrichtet, in dem die aktuellen Probleme gelöst sind. Eine der vielen »pragmatischen Paradoxien« (Simon 2013), die Führungskräfte zu bearbeiten haben, lautet hier: Je komplexer die Problemstellung ist, desto offener muss die Zielformulierung bleiben. Wenn man die Ergebnisse schon wüsste, bräuchte es ja keinen aufwendigen Veränderungsprozess. Für viele Führungskräfte ist das schwer auszuhalten (vgl. Wimmer 2004). Eine zu konkrete Formulierung von Zielen und Ergebnissen führt zu Enttäuschungen, weil es meistens anders kommt. Idealerweise erfolgt die Steuerung durch die Führungskräfte weniger durch inhaltliche Vorgaben, als durch die Steuerung der Verfahrensschritte des Veränderungsprozesses und durch Zielvorgaben, die konkret genug sind, aber ausreichend Spielraum für die Entwicklung kreativer Lösungen belassen. Dieses Ziel ist durch das zuständige Gremium in der Linie zu beschließen. Damit dieses Ziel von einer breiten Basis in der Organisation mitgetragen wird, sind die Ergebnisse der Diagnose und die daraus resultierenden Schlussfolgerungen der Führung im Betrieb zu kommunizieren.

Einerseits hilft es, wenn Zielformulierungen positiv sind, als Beschreibung eines erwünschten zukünftigen Zustandes. Andererseits gilt es aber festzuhalten, worum es *nicht* geht, was *nicht* angetastet werden soll, was auch *nicht* erreicht werden muss, also die Nichtziele. Oft ist es leichter, festzuhalten, worum es nicht gehen soll, als einen erwünschten zukünftigen Zustand zu beschreiben; manchmal ist es wichtig, für die Mitarbeiter möglicherweise belastende Perspektiven auszuschließen und von vornherein klarzumachen, dass dies explizit nicht angestrebt wird, und gelegentlich ist es auch wichtig, deutlich zu machen, dass bestimmte Überlegungen und Perspektiven auf jeden Fall tabu sind. Z. B.: Es wird niemand als Ergebnis des Veränderungsprozesses gekündigt, aber die Mitarbeiter und auch die Führungskräfte der beteiligten Abteilungen müssen damit rechnen, dass sie gegebenenfalls an anderen Arbeitsplätzen eingesetzt werden und manche Führungskräfte diese Funktion verlieren können. Damit kann der Sorge von Mitarbeitern vorgebaut werden, es gäbe im Rahmen des Veränderungsprojektes eine Art *»hidden agenda«*. Eine Möglichkeit der Zielformulierung ist es, festzulegen, welchen Kriterien die zu suchende Lösung genügen soll. Dabei kann und muss offenbleiben, wie die Zielsituation genau beschaffen sein wird. Beispielsweise könnte festgelegt werden, dass eine Lösung, erprobt in einem Pilotversuch, eine deutlich messbare höhere Kundenzufriedenheit mit sich bringen soll.

Ein wichtiger Aspekt der Zielfindungsphase ist es auch, die erarbeiteten Ziele in der Organisation entsprechend zu kommunizieren. Spätestens wenn die Ziele formuliert sind, sollte eine umfassende Information an alle Mitarbeiter und alle sonstigen Beteiligten erfolgen. Durch rechtzeitige und konkrete Informationen wird auch dem Entstehen von Gerüchten wirkungsvoll vorgebaut. Erfahrungsgemäß ist die Gefahr, zu viel zu informieren, bei Weitem nicht so groß wie die Gefahr, zu wenig oder nicht rechtzeitig zu informieren.

Voraussetzung für den Erfolg dieser Strategie ist, dass Führungskräfte den Veränderungsprozess eng begleiten, die Mitarbeiter durch diesen Prozess führen, auch zwischendurch regelmäßig zur Verfügung stehen und sich auftretenden Diskussionen immer wieder stellen. Dafür benötigen Führungskräfte Zeit und

Energie, aber auch die Unterstützung durch interne Berater, welche der Führungskraft einen Großteil der administrativen Aufgaben abnehmen können, die mit der Organisation dieses diskursiven Prozesses verbunden sind, und welche sie auch in der Vorbereitung coachen. Auf Mitarbeiterseite braucht es die Bereitschaft, sich dieser Auseinandersetzung zu stellen, und das Vertrauen, dass im Rahmen der Beteiligungsprozesse relevante Einflussmöglichkeiten auf den Prozess und das Ergebnis bestehen. Daher ist Vertrauensaufbau im Vorfeld einer Veränderung eine wichtige Voraussetzung (vgl. Kap. 5).

Rolle der internen Berater

Die internen Berater haben vor allem die Funktion, die notwendige Prozesssicherheit bei der Zielformulierung herzustellen. Sie müssen den Prozess im Auge behalten, die Termine rechtzeitig planen, einen angemessenen Rahmen für die jeweiligen Projektbesprechungen schaffen, damit die Aushandlungsprozesse plangemäß durchgeführt werden können. Sie können auch als Moderatoren in den einzelnen Veranstaltungen eingesetzt werden. Das benötigt den Auftrag der Führungskräfte und die konsequente Unterstützung der OE-Experten durch die Führungskräfte.

Rolle der externen Berater

Externe kommen als Prozessberater der Führungskräfte in Betracht oder als Moderatoren von Klausuren oder Meetings, insbesondere wenn Großgruppenmethoden zur Anwendung kommen sollen, für die es intern wenig Know-how gibt. Eine Einbeziehung externer Experten ist dann zu empfehlen, wenn diejenigen Rollenträger, die für die Moderation eines Prozesses infrage kämen, selber mit eigenen Interessen in der Sache und emotional stark involviert sind und sich daher in erster Linie auf der inhaltlichen Ebene einbringen möchten. Dann ist es gut, einen Berater als Moderator zu haben, der der Thematik allparteilich gegenübersteht.

Interventionen

Auf der Ebene der Interventionsinstrumente ist die Zielvereinbarung selbst zu nennen, aber auch die Settings und Designs für die beteiligungsorientierte Erarbeitung der Zielformulierung und die Entscheidung, wer in welcher Form an diesen Arbeitsprozessen beteiligt wird und welche Methoden der Erarbeitung zum Einsatz kommen. Hier sind auch Großgruppenmethoden wie beispielsweise Zukunftskonferenz, World Café, Open Space oder das Real-Time-Strategic-Change-Verfahren (RTSC) (Holman u. Devane 2002, S. 234 ff., und Seliger 2011) zu nennen.

Es ist ein lohnendes Ziel, dass sich Führungskräfte qualifizieren, unterstützt von internen Beratern, diese Methoden auch selbst anzuwenden, weil dadurch signalisiert wird, dass solche Methoden Teil der Gestaltungskompetenz sozialer Prozesse innerhalb der Organisation und damit Teil der Arbeitskultur sind. Wenn solche Methoden von Mitarbeitern innerhalb der Organisation angewandt werden, steigen auch der Grad der Übernahme von Verantwortung und die Identifikation mit dem Prozess sowie dem Ergebnis.

Newsletter, Blogs und andere Möglichkeiten der Social Media sind eine wichtige Erweiterung des methodischen Repertoires. Diese Form der Informationsweitergabe wird von Mitarbeitern sehr geschätzt und diese Medien werden regelmäßig interessiert gelesen. In diesem Rahmen kann über die Zusammensetzung einzelner Projektteams und entsprechende Zwischenergebnisse informiert werden (Grossmann, Lobnig u. Scala 2007, S. 143 ff.). Wichtig ist, dass die technologisch vermittelten Prozesse nicht den persönlichen Kontakt ersetzen können. Es braucht nach unseren Erfahrungen eine gute Basis an Face-to-Face-Kontakten, um andere Medien wie Skype und Videokonferenzen wirkungsvoll einsetzen zu können. Eher kontraproduktiv ist – wie persönlich erlebt –, wenn die Informationen über einen mächtigen Veränderungsprozess schon über die Bildschirme des internen Mediensystems flimmern, bevor das Topmanagement die betroffenen Führungskräfte und Mitarbeiter persönlich angesprochen hat.

4.4 Lösungen entwickeln

Zentral ist hier die Konzipierung des Prozesses, in dem Lösungen ausgearbeitet werden. Im Kapitel 3 finden sich dazu ausführliche Erläuterungen – in den Abschnitten 3.5 »Linie oder Projekt« bzw. 3.6 »Veränderungsarchitektur«.

Rolle der Führungskräfte

Aufgabe von Führungskräften ist es, diese Prozessarchitektur festzulegen, einzurichten und mit entsprechenden Aufträgen zu versehen. Im Verlauf dieses Arbeitsprozesses sollte beim Erreichen bestimmter Meilensteine die Führungskraft dann für die Auseinandersetzung mit den Ergebnissen zur Verfügung stehen. Es ist Aufgabe der Führungskräfte, die notwendige Außenpolitik in Bezug auf den Veränderungsprozess aktiv zu betreiben und andere Führungskräfte und weitere wichtige Stakeholder über den Verlauf des Veränderungsprozesses informiert zu halten.

Insgesamt ist in dieser Phase das Kommunikationsmanagement eine besondere Herausforderung, weil auf der einen Seite die Entwicklungsteams Ruhe für ihre Arbeit brauchen, um auch unausgegorene Ideen zu besprechen und eine gewisse Freiheit des Denkens nutzen zu können. Auf der anderen Seite sind häufig die Betroffenen von einem Veränderungsprojekt an der Arbeit der Entwicklungsteams sehr interessiert und drängen darauf, informiert zu werden. Es ist zu kommunizieren, dass der aktuelle Diskussionsstand in einem Entwicklungsteam vertraulich behandelt wird und erst zu dem in der Prozessarchitektur vorgesehenen Zeitpunkt aus der Projektgruppe berichtet wird.

Insbesondere ist auf die notwendige Akzeptanz bei den Linienführungskräften, deren Bereiche von der Veränderung betroffen und deren Mitarbeiter in den Veränderungsprozess einbezogen sind, zu achten.

Führungskräfte haben in dieser Phase des Prozesses auch für eine ausreichende Ausstattung des Projektes mit Ressourcen und für die nötigen Rahmenbedingungen zu sorgen. Dabei ist beispielsweise festzulegen, wie viel Zeit Mitarbeiter für das Projekt aufwenden können. Oder es ist die Regel aufzustellen, dass Mitarbeiter von ihrer Berichtspflicht in der Linie mit Hinweis auf das Projekt entbunden werden, damit die Projektgruppe zumindest eine gewisse Zeit lang ungestört arbeiten kann. Jene Führungskraft, die das Projekt beauftragt hat, ist verantwortlich, alle diese Fragen entsprechend zu regeln.

Wenn ein Veränderungsprozess in eine Krisensituation gerät, ist es die Verantwortung der beauftragenden Führungskraft, entsprechendes Krisenmanagement zu betreiben. Um diese Verantwortung wahrzunehmen, muss sie im Zuge des Veränderungsprozesses laufend über den aktuellen Stand informiert und präsent sein, wenn sie gebraucht wird. Gleichzeitig ist es aber auch wichtig, dass sich die Führungskraft aus dem operativen Geschäft des Veränderungsprozesses heraushält und die Arbeitsgruppen bis zum vorgesehenen Meilenstein, an dem wieder Informationen ausgetauscht werden, in Ruhe arbeiten lässt. Führungskräfte sind in dieser Phase wichtiger in der Rolle als Schirmherren des Projekts und bei Bedarf als Unterstützer der Projektgruppe denn als Mitglied dieser Gruppe. Inhaltliche Inputs und Entscheidungen der Führungskraft sind nur an den im Rahmen der Projektarchitektur vorgesehenen Zwischenstopps und Meilensteinen vorgesehen und angebracht. Es wird Führungskräften explizit davon abgeraten, selber an der Projektgruppe teilzunehmen, weil diese Vermischung der Rollen ein doppeltes Risiko beinhaltet: Wenn die Führungskraft in der Arbeitsgruppe mitwirkt, wird einerseits die bestehende Hierarchie in die Projektgruppe hineingetragen und die Kreativität und Freiheit im Denken der Mitarbeiter dadurch eingeschränkt. Andererseits kann die Führungskraft ihre Rolle als Gestalterin des gesamten Veränderungsprozesses nicht ausreichend wahrnehmen, weil sie durch die Teilnahme an der Projektgruppe in dieser Rolle eingeschränkt ist. Die Einflussnahme auf die inhaltliche Gestaltung kann durch die Zielfestlegung am Anfang und durch geplante Berichts- und Entscheidungsphasen im Zuge des Prozesses erfolgen. Die Trennung dieser Rollen im Veränderungsprozess ist unabhängig von der Größe des Projektes zu beachten.

Als weiterer Aspekt ist wichtig, dass Führungskräfte von Beginn an klarmachen, dass die Verantwortung für die Lösung bei den Entscheidungsträgern liegt. Das impliziert, dass die Teams frei und ohne Rücksichten Lösungen erarbeiten können, aber ihren Kollegen gegenüber letztendlich nicht für die Entscheidung verantwortlich sind, sondern die Entscheidungsträger. Das verlangt eine ganz klare Aufgabendifferenzierung zwischen Entwicklungsteam und Entscheidungsträgern. Mitglieder des Entwicklungsteams arbeiten bloß mögliche Lösungsvarianten aus, entscheiden aber nicht selber. Nur wenn das ganz klargestellt ist, dann kommt es wirklich zu einer freien inhaltlichen Arbeit der Projektteams.

Rolle der internen Berater

In dieser Phase ist es Aufgabe der internen Berater, die Führungskräfte bezüglich der Gestaltung des Veränderungsprozesses zu coachen. Zu dieser Aufgabe gehört, sicherzustellen, dass der Prozess im Blick bleibt, die Kontakte mit anderen Führungskräften gehalten werden. Ein wesentlicher Schritt des Kommunikationsmanagements ist auch, dass an den vorgesehenen Meilensteinen passende Informationen an die betroffenen Teile der Organisation vermittelt werden. Interne Berater können in ihrer Rolle Aufgaben des Projektmanagements übernehmen, sollten aber eher nicht als Projektleiter eingesetzt werden, was jedoch regelmäßig getan wird. Sie haben einen schwierigen Spagat zu bewältigen. Sie arbeiten einerseits sehr führungsnahe und brauchen andererseits von den anderen eine Zuschreibung der Allparteilichkeit. Es ist für sie schwierig, Akzeptanz bei anderen Stakeholdern zu finden, wenn sie als Interessenvertreter der Führungskräfte gesehen werden. Führungskräfte sind daher gut beraten, zu ihren internen Beratern eine gewisse Distanz zu halten, was nicht leicht zu balancieren ist, wenn sie ihrem Stab angehören. Interne Berater sind daher auch besser dem gesamten Führungsteam zuzuordnen als einer Führungskraft. Wenn interne Berater diese Funktion nicht hauptberuflich ausfüllen, sondern gleichzeitig im Kerngeschäft tätig sind, dann besteht die Gefahr eines Loyalitätskonfliktes. Sie können im Zuge ihrer Hauptaufgabe selbst vom Veränderungsprozess betroffen sein, sollen aber als interne Berater in diesem Prozess eine allparteiliche Rolle wahrnehmen. Diese Doppelrolle hat aber auch positive Aspekte für den Aufbau von Veränderungskompetenzen in der Organisation. In größeren Organisationen ist es daher nützlich, wenn mehrere Personen aus unterschiedlichen Funktionsbereichen diese Rolle der internen Beratung ausüben, damit in diesem Fall Wahlmöglichkeiten bestehen. Eine wichtige Funktion von internen Beratern ist die Beobachtung des Prozessverlaufs, das begleitende Prozesscontrolling und die Evaluierung von Veränderungsprozessen. In der Evaluierung von Veränderungen geht es immer um zwei Perspektiven, die Auswertung der Wirkungen und die Evaluierung des Prozesses (siehe unten). Dies gilt auch für einzelne Abschnitte des Veränderungsvorhabens, weil OE-Prozesse in ihrem Verlauf für Veränderung offenbleiben müssen und daher auf eine gewisse Selbstbeobachtung, Selbststeuerung und Selbständerung angewiesen sind. Die im Prozess vorgesehenen Meilensteine haben insofern immer eine Doppelfunktion, nämlich die Auseinandersetzung mit dem inhaltlichen Ergebnis und gleichzeitig eine Reviewfunktion für den laufenden Prozess.

Fallbeispiel: Meilenstein/Review-Meeting[12]

Funktion:

- Zusammenfassung, Präsentation der vorliegenden Arbeitsergebnisse
- Fragen und Entscheidungsbedarf gegenüber Auftraggeber und Entscheider

12 Aus dem Projekt Qualifizierung und Verankerung von internen Beratern für OE in den Krankenhäusern der Oberösterreichischen Gesundheits- und Spitals-AG – GESPAG (Grossmann u. Prammer 2012).

- Feedback seitens Auftraggeber und Entscheider
- eventuell Reformulierung des Auftrages, Konkretisierung für nächste Phase
- Auswertung/Review der Arbeit
- eventuell Einbeziehung weiterer Beobachter
- nächste Schritte und Vereinbarungen

Struktur

- Eröffnung, Einführung
- Präsentation durch Projektgruppe
- eventuell berichten Beobachter
- Auftraggeber geben Feedback, Diskussion
- Projektgruppe nimmt Stellung in Richtung Weiterarbeit
- Vereinbarungen dazu
- Abschluss durch Projektleitung/Koordination und Auftraggeber

Rolle der externen Berater

Bei der phasenbezogenen Einbeziehung externer Berater steht grundsätzlich die Überlegung im Vordergrund, durch ihren Einsatz systematisch OE-Know-how im Unternehmen aufzubauen und die internen Rollenträger in ihrer internen Funktion zu stärken. Zu mächtiger Einsatz von externen Beratern bringt sie in Konkurrenz und Konflikt mit den Führungskräften.

Interventionen – Investition in Teams

In dieser Phase ist es wichtig in die Arbeitsfähigkeit der Projektgruppen zu investieren, Teams zu etablieren. Das kann dadurch erfolgen, dass jede Projektgruppe im Zuge des Projekts das Recht hat, sich einen oder mehrere Tage mit einem oder mehreren externen Beratern in Klausur zu begeben. Besonders zu Beginn einer Arbeitsgruppe ist darauf zu achten, dass die Beziehungs- und Teamaspekte ausreichend beachtet werden, um eine gute Grundlage für die inhaltliche Arbeit zu schaffen. Dazu müssen die Teammitglieder für die Art und Weise, wie sie inhaltliche Themen verhandeln, Spielregeln und Methoden lernen. Dies kann man durch beraterische Unterstützung und entsprechendes Design beeinflussen. Anregungen aus der Beratung können dann in der Gruppe selbstständig weitergeführt werden. Teams sind komplexe und sensible soziale Systeme. Sie brauchen gezielt Investitionen zu ihrer Entwicklung. Eine Reihe von Personen, die durch Mitgliedschaft in derselben Organisation zusammengeführt worden sind und parallel auf eine Aufgabe bezogen arbeiten, machen noch kein Team aus. Kommunikationstheoretisch spricht nicht viel dafür, dass sie sich ohne Weiteres persönlich gut verstehen und eine ähnliche Auffassung von ihrer Arbeit haben. In den meisten Organisationen wird sehr selbstverständlich von einer naturwüchsig sich entwickelnden Arbeitsfähigkeit von Gruppen ausgegangen und irgendwie geht es auch, aber mit großer Krisenanfälligkeit und hohen Zusatzkosten, meist zulasten einzelner Mitglieder oder bestimmter Aspekte der Arbeit.

In intensiven Phasen der Veränderung ist es wichtig, die jeweils entstehenden Lernchancen zu nutzen. Prozesse der Veränderung sind besonders gute Gelegenheiten für Lernprozesse der Personen (Grossmann 1995; Heintel u. Krainz 2001).

4.5 Ergebnisse implementieren

Die erarbeiteten Lösungen sind nachhaltig in der Organisation zu verankern. Implementierung bedeutet auch die Organisation eines Verhandlungssystems, in dessen Rahmen über Problemlösungen entschieden werden kann, welche sich erst im Zuge der Umsetzung zeigen, sowie eine Überprüfung und Nachjustierung der Umsetzung. Der Erarbeitungsprozess, in dem Lösungen entwickelt werden, wird von der Phase der Implementierung der Lösungen in den Betrieb unterschieden. Genau genommen ist aber über die Implementierung bereits am Beginn eines Veränderungsprozesses nachzudenken und ist dieser Aspekt im Rahmen des gesamten Veränderungsprozesses immer wieder zu berücksichtigen. Es ist notwendig, im Prozess bereits sehr früh Vorkehrungen zu treffen, die der Unterstützung der Implementierung dienen. So können beispielsweise Beobachtergruppen aus allen Bereichen der Organisation, die von der Umsetzung der Ergebnisse betroffen sein werden, schon von Beginn an die Entwicklungsarbeit verfolgen und Feedback in den Entwicklungsprozess einbringen. Für die Implementierung sind immer auch andere Akteure erforderlich als für die Entwicklung.

Rolle der Führungskräfte

Es ist Aufgabe des gesamten Führungsteams der beteiligten Einheiten, dafür zu sorgen, dass die Veränderung in ihrem Bereich auch umgesetzt wird. Hier hat die horizontale und vertikale Kooperation der ersten und zweiten Führungsebene – des jeweils in Betracht kommenden Systems – wieder eine herausragende Bedeutung (siehe Kap. 3). Die Beteiligung aller Mitarbeiter dieser Bereiche ist erforderlich. Daher ist es selbst in kleinen Organisationen und Einheiten nicht möglich, den gesamten Veränderungsprozess in allen Phasen mit einem gleichbleibenden Team umsetzen zu wollen. Gerade Organisationen mit einer etablierten, meist technokratisch angelegten Routine im Projektmanagement haben dafür kein eigenes »Formular« und müssen dann mühsam neue Projekte erfinden und einreichen, um dieser Differenz entsprechen zu können. Implementierungsteams brauchen eine andere Zusammensetzung als Entwicklungsteams. Es ist daher notwendig, dafür entsprechende Verantwortlichkeiten festzulegen, Rollen einzurichten und gesondert zu beauftragen. Entwicklungsprojekte enden in aller Regel mit der Übergabe der Lösungsvorschläge. Die Implementierung sollte dann im Rahmen des Alltagsgeschäfts ohne besondere Vorkehrungen umgesetzt werden. Die Integration des Neuen in den Routinebetrieb einer Organisation stellt aber die größte Herausforderung dar und kann nur gut gelingen, wenn die »Implementierungsphase« genauso geplant und instrumentiert wird wie die Entwicklungsphase.

Jetzt gilt es Leistungsprozesse umzubauen, neue Organisationsstrukturen einzuziehen, neue Funktionen zu schaffen und Rollen zu formen. Die passenden Ergebnisse von Pilotprozessen sind zu transferieren in Organisationsteile, deren Führungskräfte und Mitarbeiter – zu Recht – skeptisch sind, eine andere Kultur leben, heilfroh sind, dass der Pilot nicht sie getroffen hat, oder immer noch beleidigt sind, dass sie nicht von Beginn an involviert wurden. Solche »Pilottransfers« scheitern erfahrungsgemäß, wenn die anderen nicht schon während der sogenannten Entwicklungsphase zumindest punktuell in den Veränderungsprozess eingebunden waren und mitgelernt haben.

Häufig zeigt sich in dieser Phase erst der Qualifizierungsbedarf, der als Voraussetzung für eine gute Umsetzung einer neuen Vorgangsweise gegeben ist. Und es sind vor allem Verlernprozesse zu inszenieren, die ja bekanntlich wesentlich dramatischer sind, als das Neulernen (vgl. Simon 2004). Erst in der Umsetzungsphase wird oft deutlich, dass manche Lösungen doch nicht so praktikabel sind oder dass in anderer Form nachgebessert werden muss. Dazu ist es erforderlich, genau zu beobachten, ob die neuen Prozesse, die Handlungen und Haltungen tatsächlich praktiziert werden und welche Abweichungen vom gewünschten Modus zu beobachten sind. An diesem Punkt geht die Implementierungsphase bereits in die Auswertungsphase über. Die Implementierungsphase ist dann beendet, sobald die Auswertung ergibt, dass eine nachhaltige Veränderung stattgefunden hat. Es erfordert einen hohen Aufwand, um alle Beteiligten dazu zu bringen, die erarbeiteten Lösungen auch im Organisationsalltag umzusetzen. Die Verantwortung dafür, dass die Veränderung tatsächlich stattfindet, tragen die Linienführungskräfte. Diese brauchen von der Topführung Unterstützung und Kontrolle. In der Praxis scheitern viele Veränderungsprojekte, weil für die Implementierung keine Energie mehr vorhanden ist, weil man der Meinung ist, es würde ausreichen, die Umsetzung anzuordnen. Darüber hinaus ist die Erarbeitung von neuen Lösungen attraktiver und lustvoller, die Umsetzung eher langweilig und mühsam.

Rolle der internen Berater

Die Rolle der internen Berater liegt vor allem darin, schon frühzeitig, eigentlich zu Beginn des Veränderungsprozesses, die

Führungskräfte auf diese Problematik aufmerksam zu machen und Maßnahmen vorzuschlagen, die dazu geeignet sind, den Implementierungsprozess kontinuierlich im Blick zu haben. Am Übergang der Phase »Lösungen entwickeln« in die Phase »Ergebnisse implementieren« ist es wesentlich, den Übergang von der Entwicklungsorganisation zur Umsetzungsorganisation zu markieren. Die Führungskräfte sind dabei zu unterstützen, den Entwicklungsprozess abzuschließen und eine neue Organisationsform für die Implementierung einzurichten. Dazu ist es auch notwendig, die Entwicklungsvorhaben wirklich abzuschließen (Ende eines Projekts), die Entwicklungsteams zu entlasten und zu verabschieden und die neuen Strukturen und Rollenträger zu beauftragen. Dazu braucht es einen entsprechend vorausgeplanten Meilenstein und ein ausreichend langes Meilenstein-Meeting, an dem dieser Übergang organisiert wird. Dort können Rituale für die Verabschiedung der Entwicklungsteams und der Entwicklungsphase ebenso Platz haben wie die Nominierung und Beauftragung der Implementierungsorganisation.

Rolle der externen Berater

In der Praxis werden für die Implementierung seltener Berater beigezogen. Doch gerade in der Implementierungsphase, die die schwierigste im gesamten Veränderungsprozess darstellt, ist die Einbeziehung von OE-Beratern sehr nützlich, z. B. für die Beratung der einzurichtenden Implementierungsstrukturen und die Gestaltung und Moderation des Meilenstein-Meetings für den Übergang. Wenn z. B. Beobachterteams eingerichtet wurden, dann kann es Aufgabe der externen, aber auch von internen Beratern sein, diese Beobachter bei der Einrichtung ihrer Rolle zu coachen. Damit wird deutlich, dass die Moderation der Übergangsklausur für Interne sehr schwierig ist, weil ganz unterschiedliche Stakeholder-Gruppen in den Prozess einzubeziehen sind: das Topmanagement, Linienführungskräfte der zweiten oder dritten Führungsebene, die Entwicklungsteams mit ihren Ergebnissen, die Beobachtergruppen und die neuen Implementierungsteams.

Interventionen

Das Topmanagement markiert den Übergang von der Entwicklung neuer Lösungen zur Implementierung. Das gilt es nicht nur in der Projektorganisation zu tun, sondern vor allem in den Führungsbesprechungen der Linienorganisation. Die Führungskräfte, in deren Einheiten die Ergebnisse umzusetzen sind, werden rechtzeitig darauf aufmerksam und mit den Ergebnissen vertraut gemacht. Dazu braucht es eine intensive Auseinandersetzung und Entscheidungen der Führungsteams der jeweiligen ersten und zweiten Führungsebene. Zielgruppe sind dabei vor allem die Linienführungskräfte, die nicht in den Projektgremien beteiligt waren (Steuergruppe). Implementierung ist Führungsaufgabe und die Linienorganisation hat die Implementierung sehr eng zu begleiten. Für die Führungskräfte selbst ist die Implementierung von neuen Strukturen, Prozessen oder Qualitätskriterien in ihren Bereichen eine große Herausforderung, aber auch für die Mitarbeiter ihrer Einheiten, die jetzt Dinge anders zu tun haben als bisher. Dazu braucht es Lernprozesse *on the job* oder in eigenen Qualifizierungsprozessen, und es braucht vor allem die Inszenierung von Verlernprozessen, also die Verabschiedung von bisher bewährten und lieb gewonnenen Routinen. Großgruppenprozesse können in dieser Gestaltung des Übergangs gut genutzt werden.

4.6 Nachhaltigkeit sichern

Es gilt, den Verlauf des Implementierungsprozesses kontinuierlich zu beobachten und auszuwerten. Das ist durch die Führungskräfte und Mitarbeiter der beteiligten Organisationseinheiten zu tun. In den Gremien der Führungskräfte und in schon mehrfach angesprochenen Führungsteams sind diese Ergebnisse zu berichten. Diese kontinuierliche Auswertung kann dazu führen, dass in den einzelnen Leistungsprozessen und in daran beteiligten Einheiten selbst Adaptierungen vorgenommen werden bezogen auf die spezifischen Voraussetzungen des jeweiligen Bereichs. Es kann aber auch dazu führen, dass insgesamt Nachbesserungen bei den entwickelten Lösungen vorgenommen werden müssen. Im Extremfall muss die Organisation in einen neuen Prozess der Entwicklung von Lösungen eintreten, fokussiert auf die entdeckten Problemzonen.

Die zweite Perspektive der Auswertung ist darauf zu richten, aus dem Veränderungsprozess für die Zukunft zu lernen. Das wird in den wenigsten Organisationen gemacht. Die neuen Veränderungsprojekte überlagern meistens schon die Implementierung und für eine Auswertung der Projekte ist keine Energie und Zeit mehr verfügbar (Wimmer 2004; Grossmann u. Scala 2002a). Häufig werden in dieser Phase externe Evaluationsteams eingeführt, die den Prozess nicht kennen und Ergebnisse nach anderen Kriterien messen sollen, als sie im Prozess definiert wurden. Das befriedigt zwar die Legitimationsbedürfnisse des Managements und die Mess- und Darstellungsinteressen von Controllingabteilungen, stört aber häufig den Prozess der Sicherung von Nachhaltigkeit und der internen Reflexion (vgl. auch Zepke 2005).

Die Rolle der Führungskräfte, der internen und externen Berater und Interventionen

Zusammenfassend noch einmal eine Klarstellung der jeweiligen Aufgaben:

Führungskräfte steuern den Prozess, beauftragen Beobachtungs- und Reflexionsteams, richten – gemeinsam – geeignete Settings ein und stimmen sich mit den anderen Führungskräften in den beschriebenen Interventionen ab.

Interne und externe Berater helfen bei der Entwicklung der dazu geeigneten Architekturen und Instrumente.

5 Förderliche Haltungen im Veränderungsprozess

5.1 *Vertrauen aufbauen*

Grundvoraussetzung eines erfolgreichen Veränderungsprojektes ist ein wertschätzender und vertrauensvoller Umgang. Für viele Mitarbeiter ist die Art, wie ein Veränderungsprojekt kommuniziert und prozessiert wird, mindestens so wichtig wie die Frage, was konkret geändert werden soll. Wenn der Umgang mit den Beteiligten vertrauensvoll, verständnisvoll, respektvoll und wertschätzend gestaltet wird, so können auch umfassendere Veränderungen auf der sachlichen Ebene leichter akzeptiert werden.

Auch aus diesem Grund ist der Vertrauensaufbau in einer Organisation durch das Verhalten einer Führungskraft generell eine permanent wichtige Aufgabe, bereits lange bevor es zu konkreten Veränderungsvorhaben kommt. Wenn das Vertrauen in die Organisation hoch ist, dann kann eine Führungskraft auch in einer schwierigen Situation auf dieses Vertrauen aufbauen. Vertrauensaufbau ist wie das laufende Einzahlen auf ein Konto. Wenn sich im Lauf der Jahre auf diesem Konto etwas angesammelt hat, dann kann im Notfall auch eine größere Behebung von diesem Konto erfolgen, d. h., dass auch in einer schwierigen Situation die Gefolgschaft der Mitarbeiter erreicht werden kann, selbst wenn sie von den Vorgaben oder einer Rahmensetzung nicht begeistert sind.

5.2 *Offenheit für Veränderungen und Kultur des Ermöglichens*

Organisationen sind und bleiben von sich aus nicht statisch. Vielmehr vollzieht sich ein permanenter und emergenter Entwicklungs- und Selbsterschaffungsprozess. Steuerungsimpulse der Führung sind daher als Eingriffe in ein per se dynamisches

System zu verstehen. Offenheit der Führung für Veränderung bedeutet daher, diesen dynamischen Selbstentwicklungsprozess soweit möglich und sinnvoll zu unterstützen und zu fördern. Die intentionale Einflussnahme auf emergente Prozesse in der Organisation bedeutet auch eine Strategie der Veränderung in kleinen Schritten, die in der Regel sehr zeitnah zu den Veränderungen der Umwelt stattfinden kann. Dabei wird die Aufmerksamkeit auf jene Ideen gerichtet, die in Organisationen abseits vom Alltag zutage treten, auf verschiedene Praktiken, die von Mitarbeitern ausprobiert oder in Teilbereichen der Organisation initiiert werden und besonders nützlich oder weiterführend erscheinen. Dies ist eine bewusste, intentionale Maßnahme des Managements. Wichtig ist, dass diese Adaptionen beobachtet werden, selektiv Anerkennung erhalten und in der Organisation bekannt gemacht werden. Eine bedeutende Aufgabe des Managements besteht darin, Offenheit für Neues zu zeigen, gute Ideen hervorzuheben oder die Aktivitäten von Mitarbeitern, die neue Ideen entwickeln, zu fördern. Dabei macht man sich die ohnehin stattfindenden evolutionären Prozesse zunutze und arbeitet stärker mit der vorhandenen Energie der Organisation.

Mit Führungskräften als Promotoren des Wandels ist eine Organisation in der Lage, die in der Evolution ablaufenden Prozesse von Variation, Selektion und Retention zuzulassen und für eine gezielte Entwicklung zu sorgen. Innovationsfördernde Führung und eine Kultur der Innovationsbereitschaft ermöglichen dies. Es geht um die Frage, ob Mitarbeiter aufgefordert werden, sich Gedanken zu machen, ob innovative Haltung und neue Ideen belohnt werden. Wird ein Möglichkeitsraum aufgespannt, der von den Mitarbeitern genutzt werden kann, oder ist das Klima restriktiv und geht man davon aus, dass die Mitarbeiter über den aktuellen Rahmen nicht hinausdenken sollen? Eine gewisse Freiheit und Bandbreite von Entscheidungs- und Gestaltungsmöglichkeiten in einer Organisation zuzulassen, ist eine wichtige strategische Entscheidung des Managements und sollte emergente Entwicklungen fördern. Ohne diese Freiheit wird die Wahrscheinlichkeit der Variation in Organisationen eingeschränkt. Und ohne eine hohe Anzahl neuer Varianten ist die Wahrscheinlichkeit, dass im Rahmen selektiver Prozesse viele passende Varianten übrig bleiben, gering. Gute Ideen, welche in einem Teil der Organisation zufällig entstanden sind, können in einen anderen Bereich überspringen, wenn sie zum Thema übergreifender Kommunikation gemacht werden. Dann können sie auch woanders adaptiv weiterverarbeitet und in bestehende Prozesse integriert werden (Retention).

Evolutionär-adaptive Prozesse sind kaum mit Ängsten und Widerständen verbunden, weil die handelnden Personen sich als Herren und Eigner dieser Adaptionsprozesse empfinden und die Entscheidungsgewalt über Art, Umfang und Zeithorizont der Umsetzung bei ihnen liegt. Für solche Veränderungsprojekte gibt es weder einen Auftrag von oben noch entsprechende Berichtspflichten, was die Umsetzung betrifft. Sie sind in höchstem Maß selbstbestimmt und in der Lage, die Gestaltungsbedürfnisse der Mitarbeiter anzusprechen. In so einem Rahmen wird die Veränderungsenergie nicht durch Fremdbestimmtheit und Druck von außen oder oben eingeschränkt, sondern nur von der Attraktivität eines erhofften Ergebnisses bestimmt. Zudem schafft ein Klima der Veränderungsbereitschaft in einer Organisation auch eine gute Grundlage für größere Veränderungsprozesse im Sinne des Musterwechsels und im Rahmen von intentionalen OE-Projekten.

5.3 *Wertschätzung des Bestehenden*

Wenn Führungskräfte versuchen, den Veränderungsbedarf, den sie diagnostizieren, mit der Kritik und dem Abwerten des Bestehenden zu verbinden, weil sie Argumente für die Veränderung suchen, so stärken sie häufig nicht die Akzeptanz der Veränderungsnotwendigkeiten, sondern den Widerstand dagegen. Dies deshalb, weil die Menschen in der Organisation mit den bisherigen Arbeitsabläufen identifiziert sind und weil sie die Kritik am Bestehenden als persönliche Kritik auffassen und ihre bisherigen Leistungen als abgewertet empfinden.

Um keine unnötigen Widerstände am Beginn eines Veränderungsprojektes zu provozieren, ist daher die Wertschätzung des Bestehenden eine der wichtigsten Voraussetzungen auf der Ebene der Haltungen von Führungskräften. Wenn es nicht gelingt, den Mitarbeitern für ihre bisherigen Leistungen ausreichend Wertschätzung entgegenzubringen, so wird es schwierig, gerade diese wichtige Mitarbeitergruppe von der Veränderungsnotwendigkeit zu überzeugen. Veränderungsbedarf müsste generell mehr mit den Rahmenbedingungen argumentiert werden, welche sich in der Umwelt der Organisation verändert haben. Damit die Organisation weiterhin gut arbeitet, muss sie sich an die geänderten Umweltbedingungen anpassen.

5.4 Ergebnisoffenheit und Prozesssteuerung

Von Führungskräften wird erwartet, die Organisation auf einen ganz bestimmten Zielpunkt hin zu steuern. Doch bei organisationalen Veränderungsprozessen, also bei hoch selbstreferenziellen Prozessen, entstehen die Ziele im Detail erst am Weg, auch als Kompromiss der unterschiedlichen Interessen.

Soweit möglich sind Veränderungsprozesse daher ergebnisoffen zu gestalten. Selektive Beteiligungsprozesse sollen für Mitarbeiter echte Chancen der Mitgestaltung eröffnen. Wenn die Mitarbeiter den Eindruck gewinnen, dass Führungskräfte im Prozess ohnehin nur auf eine ganz konkrete bereits vorgegebene Lösung hinsteuern, wenn also die Ehrlichkeit und Ernsthaftigkeit einer Beteiligung und der Koproduktion eines Ergebnisses infrage steht, dann tendiert das Commitment für diese Lösung und die Bereitschaft, sich an der Umsetzung zu beteiligen, gegen null.

Die Einflussnahme durch Führungskräfte sollte primär im Rahmen der Prozesssteuerung erfolgen und nicht durch Vorgabe von Inhalten oder Ergebnissen. Denn die Steuerung des Prozesses ist eine wesentlich wirkungsvollere Intervention in den Veränderungsprozess als die Vorgabe von Ergebnissen.

Es sollten daher nur Grobziele festgelegt werden. Das kann im Rahmen einer Startveranstaltung oder einer Kick-off-Veranstaltung geschehen. Zum Beispiel dadurch, dass in Kleingruppen mögliche Zielformulierungen erarbeitet werden, zu denen die Führungskraft am Ende der Veranstaltung Stellung nimmt und letztlich die Entscheidung trifft, wie unter Berücksichtigung aller Vorschläge die Zielformulierung lauten soll. In dieser Phase kann die Führungskraft auch entscheiden, ihr wichtig erscheinende Aspekte zusätzlich einzubringen oder Teile der vorgeschlagenen Zielformulierung wegzulassen. Denn es geht nicht darum, einen basisdemokratischen Entscheidungsprozess zu organisieren, sondern darum, alle wichtigen Argumente und Ideen zu sammeln und auf dieser Basis eine Entscheidung zu treffen, die im Einklang mit den Organisationszielen steht. Mitarbeiter haben weder das Recht noch den Anspruch, dass diese Entscheidung genau nach ihren Wünschen getroffen wird, und es ist auch wichtig, diese Rahmenbedingung für das Veränderungsvorhaben klar zu kommunizieren. Aber wenn es gelingt, die Ideen und Überlegungen der Mitarbeiter in den Entscheidungsprozess nennenswert einzubeziehen, können Widerstände reduziert und kann Commitment für den Umsetzungsprozess erzeugt werden.

5.5 Kontrollverlust zulassen

Führungskräfte sind ergebnisverantwortlich und fühlen sich auch für das Ergebnis verantwortlich. Daher haben sie manchmal Angst, diese Verantwortung nicht wahrnehmen zu können, wenn sie es zulassen, dass im Rahmen von kommunikativen und diskursiven Prozessen ihre Ziele infrage gestellt oder sogar abgeändert werden.

Daher scheuen es Führungskräfte gelegentlich, geplante Veränderungsprojekte umfassend in der Organisation zu kommunizieren. Es besteht eher die Tendenz, die Mitarbeiter mit Veränderungen überraschen oder überrumpeln zu wollen. Demgegenüber versucht der Ansatz der systemischen OE möglichst frühzeitig, Informationen über geplante Veränderungsprozesse in der Organisation zu verbreiten. Wenn dies rechtzeitig passiert, dann haben selbst einfache Informationen über den geplanten

Prozess und die vorgesehene Beteiligungsarchitektur eine beruhigende Wirkung.

Daher sind Führungskräfte gefordert, an dieser Stelle loszulassen und Kontrollverlust zu akzeptieren, weil nur dadurch sachlich optimierte Ergebnisse zu erreichen sind, die auch gute Chancen haben, tatsächlich umgesetzt zu werden.

5.6 Mut zur Auseinandersetzung

Von manchen Führungskräften wird das einseitige Setzen von Rahmenbedingungen ohne vorherige Diskussion mit Führungsstärke oder Durchsetzungsvermögen verwechselt. Dabei ist gerade das Gegenteil der Fall: Führungskräfte, die die Auseinandersetzung scheuen, schwächen dadurch ihre eigene Position und reduzieren die Effektivität des Veränderungsprojektes. Demgegenüber wäre eine Auseinandersetzung mit offenen Karten besonders bei nicht verhandelbaren Rahmenbedingungen ein Zeichen von Stärke auch gegenüber den Mitarbeitern und ein wesentlicher Beitrag zur Verbesserung der Qualität eines Veränderungsprozesses.

Für die mittlere Führungsebene entsteht oft die Notwendigkeit, gegenüber ihren Mitarbeitern eine Entscheidung vertreten zu müssen, die nicht ihre eigene ist. Will man diese Führungskräfte trotzdem bei einem Veränderungsprojekt mit im Boot haben, dann ist auf jeden Fall im Vorfeld eine wertschätzende Auseinandersetzung zu führen. Dabei ist es wichtig, Wertschätzung und Interesse für ihre Meinung zu signalisieren und auch Raum für die Bearbeitung emotionaler Befindlichkeiten einzuräumen. Werden solche Konflikte vermieden, dann wird dadurch erst recht die Frustration über eine solche Rahmensetzung geschürt. Denn die Einbindung der dezentralen Führungskräfte kann, auch wenn die letztliche Entscheidung entgegen deren Intention getroffen wird, zumindest in gewissem Ausmaß Loyalität zum Topmanagement und Commitment für diese Entscheidung bewirken.

Hier gilt es, die Angst zu überwinden, Entscheidungen nicht mehr durchsetzen zu können, sobald man sich den Argumenten der Gegner dieser Entscheidung stellt. Für den weiteren Fortgang eines Veränderungsprojektes ist es wesentlich hilfreicher, sich in jedem Fall mit den Argumenten und den Emotionen der »Gegner« zu konfrontieren und auseinanderzusetzen. Mitarbeiter erwarten nicht, dass Führungskräfte in ihrem Sinn entscheiden. Sie können auch anderslautende Entscheidungen akzeptieren. Was sie aber nur schwer akzeptieren können ist, dass ihre Meinung überhaupt nicht gehört wird, dass sie ihre Emotionen in Bezug auf eine geplante Veränderung nicht zum Ausdruck bringen dürfen oder dass diese Argumente und Emotionen nicht ernst genommen werden. Besser, als Mitarbeiter überrumpeln oder ihnen mit Überraschungstaktik begegnen zu wollen, ist es jedenfalls, sich auf die offene Auseinandersetzung einzulassen und die Argumente der Bedenkenträger empathisch und wertschätzend anzuhören sowie diese offensiv in den Diskurs einzubinden. Diese Vorgangsweise bedeutet nicht automatisch, dass Führungskräfte in ihrer Entscheidungsfreiheit eingeschränkt werden. Es ist allerdings günstig, ernsthafte Bedenken bei Entscheidungen zu berücksichtigen und letztlich einen wohlausgewogenen Kompromiss zu finden, der einerseits die Ziele der Organisation verfolgt und andererseits verhindert, dass unerwünschte Nebenwirkungen einer Entscheidung den Erfolg eines Veränderungsprojektes gefährden.

5.7 Emotionen zulassen

Emotionen sind im Veränderungsprozess eine kaum zu überschätzende Kategorie. Ihre Existenz in den einzelnen Phasen eines Veränderungsprojektes zu ignorieren, wäre für jedes OE-Projekt kontraproduktiv. Gefühle und logisches Denken sind zwei parallele Steuerungssysteme des Menschen, welche sich wechselseitig beeinflussen. Das heißt, dass z. B. optimistische Gedanken gute Gefühle nach sich ziehen, welche ihrerseits wiederum unser Kognitionssystem positiv beeinflussen (Ciompi 1997). Aber auch Gefühle wie Angst oder Wut beeinflussen unseren Erkenntnisprozess und unsere Handlungsoptionen. Angst lähmt nicht nur unser Handeln, sondern auch unser Denken. Und Angst vor dem Unbekannten, Angst vor Veränderung oder auch Angst vor Autonomieverlust löst auf der kognitiven Ebene ein Überangebot an Bedenken gegen jede Art von Veränderung aus. Auch wenn solche Argumente der Bedenkenträger seitens der Change-Agents rational kaum nachvollziehbar sind, so ist es dennoch meistens völlig wirkungslos, sich auf einen Austausch rationaler Argumente zu konzentrieren. Je mehr Führungskräfte die Strategie verfolgen, auf einer rationalen Ebene überzeugen zu wollen, desto irrationaler wird die Diskussion und umso mehr werden Emotionen geschürt, die zur Ablehnung und zu Widerstand führen. In solchen Situationen führt kein Weg daran vorbei, sich den Emotionen zu stellen, sowohl den eigenen als auch denen der Mitarbeiter. Emotionen anzusprechen und zu thematisieren ist die einzige Möglichkeit, ihre bremsenden und schädigenden Wirkungen auf Veränderungsprozesse zu neutralisieren, ja im besten Fall sogar ihre Energie im Sinne eines Veränderungsprozesses konstruktiv zu nutzen.

Nicht nur die Auseinandersetzung mit den Emotionen der anderen, auch das bewusste Wahrnehmen und Nutzen der eigenen Emotionen kann als Ressource im Veränderungsprozess gesehen werden. Es geht dabei für Führungskräfte nicht darum, Emotionen ungebremst oder unkontrolliert auszuleben. Ganz im Gegenteil: Die Kontrolle der eigenen Emotionen ist eine wesentliche Voraussetzung für verantwortliches Führungshandeln. Aber die Fokussierung der Entstehung und Veränderung eigener Gefühlslagen ist ein wesentlicher Aspekt der Selbstbeobachtung einer Führungskraft und eine wichtige Grundlage für die Bildung von Hypothesen als Basis für das Führungshandeln im Veränderungsprozess. So kann etwa das Auftauchen von Ärger ein Warnsignal sein, dass mein kommunikatives Gegenüber eine Grenze überschritten hat. Gefühle von Angst oder Unsicherheit hingegen mahnen zur Vorsicht und sollten zu besonders verantwortungsvollem und umsichtigem Vorgehen veranlassen. Gerade Gefühle von Angst und Unsicherheit beschränken sich ja nicht auf Führungskräfte. Wenn Führungskräfte Angst verspüren, dann ist dieses Gefühl sehr wahrscheinlich in der gesamten Organisation präsent. In solchen Situationen haben Führungskräfte eine ganz besondere Verantwortung.

5.8 Containment von Angst

In unsicheren Zeiten der Veränderung breiten sich Gefühle von Angst, Unsicherheit, Wut oder Verzweiflung in Organisationen oft rasend schnell aus. Diese Gefühlslagen schaukeln sich in den organisationalen Kommunikationsprozessen oft bis zu panikartigen Zuständen auf. Um die Organisation handlungsfähig und die Veränderungsprozesse konstruktiv zu halten, müssen Führungskräfte darauf achten, das Niveau von Angst und Unsicherheit soweit irgend möglich gering zu halten. Dies gelingt durch das Schaffen einer Atmosphäre von Offenheit, Ehrlichkeit und Vertrauen bereits lange im Vorfeld und durch das Ersetzen von Ergebnissicherheit durch Prozesssicherheit sowie durch eine umfassende Kommunikation der geplanten Prozesse. Containment von Angst bedeutet auch, dass die Führungskraft dieses Gefühl so weit als möglich in sich einschließt, also bei sich behält, anstatt Angst und Panik auf die Mitarbeiter zu übertragen (Lohmer 2000, S. 33; vgl. dazu grundlegend Obholzer a. Roberts 2003). Indem eine Führungskraft nach außen hin Gelassenheit signalisiert, können Angst und Unsicherheit für die Mitarbeiter absorbiert und zumindest in einem gewissen Rahmen in Sicherheit und Zuversicht umgewandelt werden. Das Ausdrücken vorherrschender Gefühle durch Führungskräfte als eine bewusste Intervention kann dazu beitragen, diese Emotionen aus dem Bereich des Unbewussten und Diffusen, also aus der Tabuzone, herauszubringen und dadurch ansprechbar und bearbeitbar zu machen. Auf der Ebene struktureller Interventionen wäre das Aufsetzen und die klare Kommunikation einer Architektur des Veränderungsprozesses ein wichtiger Beitrag zum Containment von Angst, weil dadurch klar wird, dass alle Beteiligten durch die Einbindung in den Prozess über Einflussmöglichkeiten verfügen.

5.9 Zuversicht verbreiten

Führungskräfte benötigen im Zuge von Veränderungsprojekten einerseits einen gewissen Mut zur Offenheit, sie müssen bereit sein, unangenehme Informationen oder beunruhigende Fakten zu kommunizieren. Andererseits müssen sie aber in der Lage sein, auch in schwierigen Situationen die Zuversicht zu verbreiten, dass die Beteiligten in der Organisation in der Lage sein werden, gemeinsam auch die schwierigsten Herausforderungen gut zu bewältigen (Collins 2001, S. 83 ff.).

6 Durch Veränderungen führen

Karl Weick (1985) beschreibt Organisation als eine Struktur, in der permanent unüberschaubar viele Kommunikationen zwischen den verschiedenen Beteiligten ablaufen. Führungskräfte dürfen nicht die Illusion haben, dass sie diese Vielfalt je überblicken, kontrollieren oder steuern könnten. Für Führungskräfte ist es ausreichend, zu erkennen, wenn auftretende Veränderungen zu Dysfunktionalitäten führen oder wenn chronifizierte Abläufe aufgrund veränderter Umweltbedingungen ihre Funktionalität einbüßen.

Im Regelbetrieb einer Organisation besteht die Aufgabe von Führung üblicherweise darin, unerwünschte Veränderungen festgelegter Routinen zu erkennen und zu unterbinden.

Akteure in Organisationen übernehmen meist Verantwortung für ihre Aufgabenbereiche, strukturieren gezielt Mikroprozesse in ihrem Arbeitsbereich, probieren etwas aus oder entdecken zufällig, dass sich mit einem von der bisherigen Routine abweichenden Verhalten bessere Ergebnisse erzielen lassen. Diese Kommunikations- und Adaptionsprozesse laufen auf einer Mikroebene auch ständig weiter und sorgen für emergente Entwicklungen. Diese Entwicklungen können funktional für einzelne Personen oder Teilorganisationen sein. Ob diese Entwicklungen im Mikrobereich sich auch als funktional für die Gesamtorganisation herausstellen, das haben Führungskräfte im Rahmen ihrer laufenden Beobachtung der Organisation zu beurteilen und zu entscheiden. Ist das nicht der Fall, so haben sie im Sinn der Aufrechterhaltung des Status quo entsprechend zu intervenieren.

Im Sinne von OE müssen sie aber auch intervenieren, wenn bestehende Routinen aufgrund veränderter Umweltbedingungen nicht mehr funktional sind. Führungsinterventionen bezwecken also manchmal die Erhaltung und manchmal die Veränderung des Status quo (Bauer 2011, S. 38).

In Organisationen passiert vieles, das oft weder intentional noch funktional ist. Emotionen kommen zum Ausdruck, Einzelinteressen werden verfolgt, oder es geht darum, durch eine gemeinsame Interpretation mehrdeutiger Ereignisse Sicherheit zu gewinnen, indem man sich auf plausible Erklärungen einigt. Die ganze Bandbreite des menschlichen Daseins spielt sich auch im Rahmen der Kommunikationsprozesse in Organisationen ab. Und nebenbei bzw. parallel dazu sollen diese Organisationen eine Aufgabe erfüllen. Es wird oft davon ausgegangen, dass in Organisationen rational und funktional gehandelt wird. Moderne Organisationstheorie nimmt allerdings immer mehr zur Kenntnis, dass in Organisationen neben rationalen und funktionalen Verhaltensweisen auch emotional motiviertes Verhalten eine Rolle spielt, dem erst nachträglich eine rationale Begründung zugeordnet wird. Es herrscht eine ungeheure und unübersichtliche Vielfalt an permanenten Kommunikationsabläufen, die sich immer wieder neu ordnen, aufschaukeln und permanent um die Frage kreisen, wie dem Strom der Ereignisse gemeinschaftlich Bedeutung und Sinn zuzuordnen ist (Weick 1995). Diese Kommunikationsabläufe sind stärker emotional hinterlegt als rational gesteuert und haben das Ziel, Unklarheit, Mehrdeutigkeit und Unsicherheit in Klarheit, Eindeutigkeit und Sicherheit zu transformieren. Dadurch werden auch im Regelbetrieb einer Organisation Unsicherheiten und Ängste reduziert und es wird die Grundlage für funktionales Verhalten geschaffen.

Besonders im Zuge von Veränderungsprozessen besteht ein erhöhter Bedarf, mehrdeutige Situationen und unsichere Perspektiven durch eindeutige Aussagen und ehrliche, plausible und nachvollziehbare Erklärungen in einer Form zu deuten, welche beruhigend auf die betroffenen Akteure wirkt und jene Sicherheit vermittelt, die notwendig ist, um die erforderlichen Veränderungsschritte bei gleichzeitiger Aufrechterhaltung des regulären Betriebes gut zu bewältigen. Dies ist eine der wesentlichen Aufgaben, die Führungskräfte im Zuge von Veränderungsprozessen vor besondere Herausforderungen stellen.

6.1 Der Sinn von Sinn

Wenn wir davon ausgehen, dass wir für jedes Veränderungsprojekt eine möglichst hohe Akzeptanz aller Beteiligten erreichen möchten, dann kommen wir nicht umhin, uns mit dem Aspekt von Sinn zu beschäftigen. Veränderungsprojekte werden nur dann ausreichend von Menschen mitgetragen, wenn es gelingt, den Sinn eines Veränderungsanliegens verständlich zu machen. Dabei muss auf die subjektive Sinnkonstruktion der Mitarbeiter Bedacht genommen werden. Der Sinn einer bestimmten Tätigkeit ergibt sich für Mitarbeitende immer weniger aufgrund einer adäquaten Bezahlung. Das Gefühl, an der Erstellung einer sinnvollen Dienstleistung oder eines sinnvollen Produktes beteiligt zu sein, eine wichtige Leistung für die Gesellschaft zu erbringen, für die Kunden etwas Nützliches zu schaffen, besser zu sein oder zu bleiben als die Konkurrenz, auf das Geleistete stolz sein zu können, kreative Gestaltungsoptionen zu haben oder für die erbrachte Leistung entsprechende Anerkennung zu erhalten, all diese Aspekte treten als sinnstiftende Motive für das Handeln immer mehr in den Vordergrund (Bauer 2013, S. 70). Im Rahmen der in Kapitel 3 beschriebenen Beteiligungsprozesse sollte es Führungskräften daher gelingen, den Sinnaspekten als Motivation für das Handeln entsprechend Raum zu geben.

6.2 Halt und Beweglichkeit

Beweglichkeit bedeutet Flexibilität im Denken und Handeln. Damit diese Beweglichkeit möglich wird, benötigen Mitarbeiter Halt und Sicherheit. Menschen finden Halt in kollegialen Beziehungen und in starken Teamstrukturen. Halt vermittelt sich auch über eine gute, vertrauensvolle Beziehung zu den Führungskräften. Werte, die in einer Organisation gelebt werden, die von der Führung kommuniziert werden und die über einen längeren Zeitraum konstant bleiben, sind ebenfalls ein wichtiger Beitrag zu einer haltenden Struktur. Weiters leisten offene und transparente Kommunikationsstrukturen in Organisationen einen Beitrag zur Unsicherheitsabsorption (vgl. Grossmann 1995).

Die Verantwortung von Führungskräften liegt darin, im Rahmen dieser angeführten Aspekte Halt und Sicherheit zu vermitteln. Ebenso wie Vertrauen entstehen Halt und Sicherheit nicht kurzfristig. Wenn Führungskräfte aber langfristig in diese Aufgabe investieren und eine entsprechende Kultur des Umgangs mit den Mitarbeitern in der Organisation etablieren, dann können anstehende Veränderungsprojekte eher erfolgreich umgesetzt werden. Wenn der erforderliche Halt gegeben ist, dann wird maximale Beweglichkeit im Denken und Handeln möglich.

Auch im Zuge eines laufenden Veränderungsprojektes ist es wichtig, dass Führungskräfte darauf achten, dass Mitarbeiter den Halt nicht verlieren. Wenn dieser verloren geht, besteht die Neigung, sich umso mehr an bestehende Routinen und an Bekanntes zu klammern und die Beweglichkeit völlig zu verlieren. Es ist daher wichtig, dass jene Aspekte, die Halt vermitteln, ausreichend kommuniziert werden. Hinweise auf die unverrückbaren Werte der Organisation, denen sich auch ein aktuelles Veränderungsprojekt unterzuordnen hat, oder die Vorstellung einer Projektstruktur, in der die Möglichkeiten der Beteiligung und Einflussnahme klar ausgeschildert sind, sind entsprechende Interventionen im Veränderungsprozess.

Wenn Halt und Sicherheit verloren gegangen sind und es nicht gelingt, den Beteiligten diese wieder in einem Mindestmaß zu vermitteln, dann steht die Fortführung eines Veränderungsprojektes ernsthaft infrage und muss möglicherweise auf einen späteren Zeitpunkt verschoben werden.

6.3 Grenzen des Machbaren, Zeit und Gelegenheit

Gestaltende Interventionen von Führungskräften können und sollen nicht den permanenten und emergenten Selbsterschaffungsprozess einer Organisation ersetzen, sondern sind als Eingriffe in ein ohnehin dynamisches System zu verstehen. Es soll in diesem Rahmen nicht die Illusion vermittelt werden, man könnte mit den Mitteln der OE den generellen und kompletten Entwicklungsbedarf von Organisationen abdecken oder steuern. Projekte intentionaler Veränderung enden häufig mit einem Gefühl des Scheiterns, mit Frustration, Enttäuschung oder ernüchternden Kompromissen. Dies ist der Tatsache geschuldet, dass soziale Systeme von außen eben nicht beliebig steuerbar sind.

Systemische Steuerungsansätze nutzen die Tatsache, dass soziale Systeme zwar grundsätzlich selbstbestimmt agieren, sich in ihrem Verhalten aber an ihrer jeweiligen Umwelt orientieren müssen. Diese Notwendigkeit, sich adaptiv in Bezug auf die jeweiligen relevanten Umwelten zu verhalten, machen sich systemische Steuerungsansätze insofern zunutze, als dadurch veränderte Umweltbedingungen geschaffen werden, auf die das zu steuerndes System seinerseits reagieren muss. Diesem Ansatz sind naturgemäß Grenzen gesetzt, weil die Art, wie ein System auf geänderte Umweltbedingungen reagiert, nicht vorherbestimmt werden kann. So gerät systemische Steuerung immer auch zu einer Art Spiel mit Versuch und Irrtum (s. auch Kap. 2). Nur im Rahmen eines längeren Ablaufs von unterschiedlichen Versuchen von Interventionen und der Beobachtung der Reaktion des Systems können geeignete Steuerungsimpulse identifiziert werden.

Organisationen sind nicht zu jedem Zeitpunkt gleichermaßen bereit und in der Lage, sich zu verändern. Das Scheitern von Projekten ist oft schon vorprogrammiert, wenn die Organisation für einen bestimmten Veränderungsschritt noch nicht reif ist. Bei Veränderungsprojekten kommt es daher auch oft darauf an, den richtigen Zeitpunkt für ihre Initiierung abzuwarten und erkennen zu können, ihn nicht zu verpassen bzw. eine passende Gelegenheit zu nutzen.

Kontraproduktiv ist es, wenn Führungskräfte permanent Zeitdruck machen. Wenn sich herausstellt, dass die zeitliche Planung nicht eingehalten werden kann, so wäre es besser, den Zeitplan zu erstrecken, als auf eine strikte Einhaltung des Plans zu bestehen. Erfahrungsgemäß sind die Pläne zeitlich oft viel zu eng gestaltet und lassen sich im organisatorischen Alltag nicht einhalten. Im Sinne qualitativ guter und breit mitgetragener Ergebnisse ist eine zeitliche Erstreckung des Projektplans meistens die beste Entscheidung (siehe Kap. 3).

Wichtig ist in diesem Zusammenhang, dass trotz zeitlicher Erstreckung dafür gesorgt wird, dass der Spannungsbogen im Projekt erhalten bleibt. Unnötige Verzögerungen (zum Beispiel das Fehlen nötiger Entscheidungen) können nämlich dazu führen, dass den Projektmitgliedern oder den Mitarbeitern generell die Lust an der Veränderung abhandenkommt, weil nicht mehr klar ist, ob diese Veränderung tatsächlich erwünscht ist.

Ein häufig praktiziertes Scheiternsszenario ist, dass Problemstellungen mit einer etwas zu geringen Tiefenschärfe bearbeitet werden und zu schnell auf Ergebnisse gedrängt wird. Dann ist zwar viel Aufwand nötig gewesen, die Ergebnisse sind aber oft bescheiden, obwohl auch sehr gute Ergebnisse mit nur wenig zusätzlichen zeitlichen Ressourcen erreichbar gewesen wären. Oft wird genau deshalb so agiert, weil eine tief greifende Veränderung ohnehin nicht erwünscht ist. Wenn ein Betrieb mehrfach solche zu kurz greifenden Veränderungsprozesse durchlaufen hat und dabei eben keine nennenswerten Ergebnisse erreichen konnte, führt dies dazu, dass die Veränderungsbereitschaft der Mitarbeiter tendenziell gegen null geht und damit die Veränderungsfähigkeit einer Organisation erheblich geschädigt wird. Daher muss in Veränderungsprozessen auch eine gewisse Zeit zum Verlieren eingeplant werden, in der weitläufige Diskussionen und prima vista nicht streng zielorientierte Auseinandersetzungen möglich sind. Dadurch kommen auch mögliche Lösungen in den Blick, die man bei einer strengen Orientierung auf Ziele und Nützlichkeit nie erkennen hätte können. Eine vorzeitige Einschränkung eines Veränderungsprojektes auf Effizienz, Nützlichkeit und Zeitökonomie schränkt die Bandbreite möglicher Lösungen unnötig ein und begrenzt dadurch die Qualität des Ergebnisses. Dies führt zur Erkenntnis eines Paradoxons, nämlich dass allzu frühe Ergebnisorientierung schlechte Ergebnisse nach sich zieht. Und ebenso führt unnötiger Zeitdruck in einem Projekt dazu, dass nur mehr Lösungen besprochen werden können, die ohnehin auf der Hand liegen, ungewöhnliche und vielleicht deshalb besonders gute Lösungen lassen sich aber unter Zeitdruck schwerer finden. Die Ergebnisorientierung darf aus den vorstehenden Gründen nicht zu groß sein, sie darf aber auch nicht zu klein sein, weil bei zu weit ausgreifenden Diskursen der Spannungsbogen abbricht und die Veränderungsmotivation zerstört wird. Man sollte sich im Projekt die erforderliche Zeit geben, damit keine vorschnellen oder halbherzigen Lösungen entstehen, eine umfassende und in die Tiefe gehende Diskussion dann jedoch wieder in Richtung sehr konkreter Ergebnisse steuern.

Sich auf Aushandlungsprozesse einzulassen braucht Zeit und verlangt Führungskräften den Mut ab, den Schutz ihrer hierarchischen Position zu verlassen und sich auf Augenhöhe mit den Mitarbeitern zu begeben.

6.4 Umgang mit Bedenken und Einwänden

Bedenken und Einwände sind wichtige Orientierungsmarken. Es ist daher hilfreich, sie ernst zu nehmen. Mögliche Lösungsvarianten sollten so lange diskutiert werden, bis es gelingt, einem Großteil dieser Bedenken und Einwände mit entsprechenden Modifikationen Rechnung zu tragen. Dadurch wird Commitment für die Umsetzung dieser Lösungen geschaffen.

Vor diesem Hintergrund ist es auch wichtig, irrational erscheinende Bedenken und Einwände aufzugreifen. Wird diesen Bedenken und den damit verbundenen Emotionen im Veränderungsprozess ausreichend Raum, Akzeptanz und Verständnis entgegengebracht, fühlen sich die Mitarbeiter entsprechend wertgeschätzt. Dadurch ergibt sich eine stabile Vertrauensbeziehung und die Umsetzung des Projektes wird verhandelbar. Im Zuge der Verhandlungen zeigt sich dann, ob und in welchem Ausmaß in Bezug auf die vorgebrachten Bedenken und Einwände Zugeständnisse erforderlich sind. Häufig ist das wichtigste Zugeständnis, dass die Mitarbeiter ihre Bedenken und Einwände zum Ausdruck bringen können, dass diese Argumente gehört und auch jenseits rationaler Kategorien auf eine empathische Weise mitfühlend »verstanden« werden. Dadurch können die im Zuge eines Veränderungsprojekts auftauchenden Emotionen bearbeitet und die ihnen innewohnenden Energien in gewisser Weise für das Projekt nutzbar gemacht werden. Denn nicht bearbeitete Emotionen entfalten negative Energien, die dem Projekt spätestens bei der Umsetzung oft erheblich schaden können. Bei diesem Prozess der konstruktiven Verarbeitung von emotionalen Befindlichkeiten können Führungskräfte wesentliche Hilfestellung leisten, wenn sie sich bewusst sind, dass Emotionen im Veränderungsprozess zwangsläufig auftreten und einem vorgegebenen Ablauf unterschiedlicher emotionaler Stadien folgen.

6.5 Emotionale Stadien im Veränderungsprozess

Veränderungen bedeuten in jedem Fall loslassen und Abschied nehmen von etwas Bekanntem, Gewohntem. Dabei treten auch Emotionen auf, die mit Abschieden verbunden sind. Beispielsweise Ärger oder Wut, etwas abgeben zu müssen, oder Trauer über einen Verlust. Veränderung bedeutet auch das sich Einlassen auf etwas Neues, was auch mit typischen Emotionen verbunden ist. Nämlich Angst vor dem Unbekannten oder Freude auf etwas Neues. In jedem Veränderungsprozess treten daher typische emotionale Stadien auf, natürlich in unterschiedlicher Intensität. Wenn Führungskräfte über die »Naturgesetzlichkeit« dieser emotionalen Abläufe informiert sind, können sie diesen emotionalen Verarbeitungsprozess mit entsprechenden Interventionen wirkungsvoll unterstützen.

Emotionale Phasen bei Veränderung:

- Skepsis und Vorahnung
- Schock und Verleugnung
- Auflehnung und Abwehr
- Resignation, Frustration
- Einsicht, Abschied nehmen, loslassen, Wehmut
- Bereitschaft für neue Perspektiven

Idealtypischerweise werden in einem Veränderungsprozess in sechs Phasen die vier Grundgefühle individuell und kollektiv in der Organisation durchlebt: Angst, Wut, Trauer und Neugierde.

Wichtig ist, dass Führungskräfte im Veränderungsprozess ihre Verantwortung insofern ernst nehmen, als sie die Mitarbeiter ganz bewusst durch diese emotionalen Phasen begleiten und bei Bedarf entsprechend unterstützen. Mehr zum Umgang mit Gefühlen im Führungsalltag in Organisationen findet sich bei Mingers (2010).

Nachwort

Unsere Erkenntnisse sind über die Jahre gewachsen aus vielfältigen beruflichen Tätigkeiten und Erfahrungen. Wir waren bzw. sind als Führungskräfte je in eigenen Feldern unterwegs: Ralph Grossmann und Klaus Scala seit 30 bzw. 12 Jahren an Universitäten, Günther Bauer seit 30 Jahren in der Kommunalverwaltung (derzeit als Geschäftsführer einer gemeinnützigen GmbH, die zehn Altenpflegeheime betreibt). Zudem verfügen wir über langjährige Erfahrung in der Qualifizierung von Führungskräften in unterschiedlichen Sektoren.

Seit vielen Jahren sind wir mit einem breiten Beraternetzwerk in unterschiedlichen Branchen und Arbeitsfeldern in der OE aktiv. Wir beraten Wirtschaftsunternehmen, Bundes-, Landes- und Kommunalverwaltungen, Krankenhäuser, Schulen, Universitäten, Hochschulen und Forschungseinrichtungen, Interessenvertretungen, soziale Dienste, Kirchen, NPOs und NGOs in Österreich, Deutschland und der Schweiz. Hervorzuheben sind internationale Beratungs- und Weiterbildungsprojekte sowie internationale Kooperationen (u. a. WHO Europa, Schweiz, Niederlande, USA, Mongolei). Die Beratungsprojekte wurden häufig explizit mit Forschungsprojekten verknüpft.

Unsere empirische Basis fußt darüber hinaus auf der Betreuung von Studierenden und der Prüfungstätigkeit im Rahmen des *Masterprogramms Organisationsentwicklung* mit 200 wissenschaftlichen Abschlussarbeiten sowie 40 Dissertationen im Rahmen des *Doktoratsprogramms Organisationsentwicklung* an der Alpen-Adria-Universität Klagenfurt. Die Studierenden sind OE-Praktiker in ihrem Feld. Ihre Arbeiten entstehen in intensiver Auseinandersetzung mit den eigenen praktischen Fällen, in denen sie als Führungskräfte, als interne oder als externe Berater tätig sind (vgl. Publikationen im Verlag für Systemische

Forschung – Dissertationsreihe IFF-Organisationsentwicklung und Gruppendynamik).

Und Forschung ist für uns als Universitätsprofessoren Alltagsgeschäft.

Ralph Grossmann, Günther Bauer, Klaus Scala
Wien/Linz/Graz, Dezember 2014

Literatur

Austin, J. E. (2000): The collaboration challenge: How nonprofits and businesses succeed through strategic alliances. San Francisco (Jossey Bass).

Baecker, D. (1993): Die Form des Unternehmens. Frankfurt a. M. (Suhrkamp).

Baecker, D. (2007): Studien zur nächsten Gesellschaft. Frankfurt a. M. (Suhrkamp).

Bateson, G. (1983): Die Ökologie des Geistes. Frankfurt a. M. (Suhrkamp) 6. Aufl.

Bauer, G. (2009): High Touch in der Altenpflege. Emotionen, Sinn und Beziehung als Hauptaspekte erfolgreicher Führung. Heidelberg (Carl-Auer).

Bauer, G. (2011): Organisationsentwicklung und Führung: Zwei Seiten derselben Medaille? Wissenschaftliche und praktische Perspektiven einer Führungskraft. In: R. Grossmann u. K. Mayer (Hrsg.): Organisationsentwicklung konkret. 14 Fallbeispiele für betriebliche Veränderungsprojekte. Wiesbaden (VS), S. 35–55.

Bauer, G. (2013): Einführung in das systemische Sozialmanagement. Heidelberg (Carl-Auer).

Bertanlanffy, L. von (1950): The theory of open systems in physics and biology. *Science*, Vol. 111: 23 – 29.

Bradford, L. P., J. R. Gibb u. K. Benne (Hrsg.) (1972): Gruppentraining. T-Gruppentheorie und Laboratoriumsmethode. Stuttgart (Klett).

Brock, H., M. Garbsch a. D. Wilhelmer (2014): In-house programs as organizational setups for management learning in health care organizations. In: K. Scala, R. Grossmann, M. Lenglachner a. K. Mayer: Leadership. Learning for the future (A volume in research in management education and development). Charlotte, NC (Information Age), S. 301–317.

Ciompi, L. (1997): Die emotionalen Grundlagen des Denkens. Entwurf einer fraktalen Affektlogik. Göttingen (Vandenhoeck & Ruprecht), 3. Aufl. 2005.

Collins, J. (2001): Good to great. Why some companies make the leap … and others don't. London (Random House).
Collins, J. (2005): Why business thinking is not the answer. Good to great and the social sectors. A monograph to accompany good to great. Why some companies make the leap … and others don't. San Francisco (Elements Design Group).
Cummings, Th. G. (2005): An american reflection on organization development. Keynote auf der »1. Biennale für Management und Beratung im System«, Berlin.
Cummings, Th. G. a. Chr. G. Worley (2001): Essentials of organization development and change. Cincinnati, OH (South Western College).
Cummings, Th. G. a. Chr. G. Worley (2013): Organization development and change. Stamford (Cengage Learning).
Foerster, H. v. (1985): Sicht und Einsicht. Versuche zu einer operativen Erkenntnistheorie. Braunschweig/Wiesbaden (Vieweg).
Foerster, H. v. (1998): Wahrheit ist die Erfindung eines Lügners. Gespräche für Skeptiker. Heidelberg (Carl-Auer), 10. Aufl. 2013.
Greiner, L. E. a. F. Poulfelt (2009): Management consulting today and tomorrow: Perspectives and advice from 27 leading world experts. New York (Routledge).
Grossmann, R. (1995): Das Krankenhaus auf dem Weg zur »lernenden Organisation«. Zum Verhältnis von Qualifizierung und Organisationsentwicklung. In: Gruppendynamik 2/1995. Leverkusen (Leske + Budrich).
Grossmann, R. (2002): Leistungsprozesse optimieren – Personal- und Organisationsentwicklung verknüpfen. In: R. Grossmann u. K. Scala (mit Beiträgen von K. Heimerl, A. Heller u. G. Zepke): Intelligentes Krankenhaus. Wien/New York (Springer).
Grossmann, R. (2004): Organisationsberatung in der Reform öffentlicher Leistung: Auf den Nutzen kommt es an. Wien (Springer).
Grossmann, R. (2014): Q-Tag. Material zur Lehrveranstaltung »OE in gesellschaftlichen Praxisfeldern. Theorie und Praxis der Organisationsentwicklung«.
Grossmann, R. u. P. Heintel (2000): Vermittlung von Organisationskompetenz. In: P. Heintel, L. Krainer (Hrsg.): WeiterBildung? Beiträge zur wissenschaftlichen Weiterbildung aus Theorie und Praxis (iff-texte, Bd. 7). Wien/New York (Springer).

Grossmann R. u. A. Janes (2004): Entwicklung einer Expertenorganisation am Beispiel des Bereichs Politik der AK OÖ. In: Grossmann, R. u. K. Scala (Hrsg.): Das Öffentliche organisieren (iff-texte, Bd. 8). Wien/New York (Springer).

Grossmann, R., E. Krainz u. M. Oswald (1995): Veränderung in Organisationen. Management und Beratung. Wiesbaden (Gabler).

Grossmann, R., H. Lobnig u. K. Scala (2007): Kooperationen im Public Management. Theorie und Praxis erfolgreicher Organisationsentwicklung in Leistungsverbünden, Netzwerken und Fusionen. Weinheim/München (Juventa).

Grossmann, R. u. J. Pelikan (1993): Seminarunterlagen »Gesundheitsförderung – Internationales Training für Projektentwicklung«.

Grossmann, R., A. Pellert u. V. Gotwald (1997): Krankenhaus, Schule, Universität: Charakteristika und Optimierungspotentiale. In: Grossmann, R. (Hrsg.): Besser Billiger Mehr. Zur Reform der Expertenorganisation Krankenhaus, Schule, Universität (iff-texte). New York (Springer), S. 24–35.

Grossmann, R. u. K. Prammer (1998): Die Qualität der Arbeit sichern und die Organisation entwickeln – Optimierung zentraler Leistungsprozesse im Krankenhaus am Beispiel eines »OP-Betriebs«. In: V. Dalheimer, E. Krainz u. M. Oswald (Hrsg.): Change Management auf Biegen und Brechen? Revolutionäre und evolutionäre Strategien der Organisationsveränderung. Wiesbaden (Gabler), S. 161–184.

Grossmann, R. u. K. Prammer (2012): Material zum Lehrgang für interne OE-Berater der Oberösterreichischen Gesundheits- und Spitals-AG.

Grossmann, R. a. K. Scala (1996): Health promotion and organizational development: developing settings for health; European health promotion series no. 2. Copenhagen (WHO Regional Office for Europe), 2nd ed.

Grossmann, R. u. K. Scala (2002a): Veränderungsfähigkeit macht die Intelligenz einer Organisation aus. In: R. Grossmann u. K. Scala (mit Beiträgen von K. Heimerl, A. Heller u. G. Zepke) (Hrsg.): Intelligentes Krankenhaus. Innovative Beispiele der Organisationsentwicklung in Krankenhäusern und Pflegeheimen. Wien/New York (Springer), S. 179–199.

Grossmann, R. u. K. Scala (2002b): Intelligentes Krankenhaus. Innovative Beispiele der Organisationsentwicklung in Krankenhäusern und Pflegeheimen. Wien/New York (Springer).

Grossmann, R. u. K. Scala (Hrsg.) (2004): Das Öffentliche organisieren (iff-texte, Bd. 8). Wien/New York (Springer).

Grossmann, R. u. K. Scala (2011): Gesundheit durch Projekte fördern. Ein Konzept zur Gesundheitsförderung durch Organisationsentwicklung und Projektmanagement. Weinheim/München (Juventa), 5. Aufl.

Grossmann, R. u. L. Stäger (2002): Entwicklung und Implementierung von Ergebnis-Indikatoren für ExpertInnenorganisationen – Das Projekt Outcome des Kantons Zürich. In: H. Lobnig, J. Schwendenwein u. L. Zvacek (Hrsg.): Beratung in der Veränderung. Wiesbaden (Gabler), S. 275–289.

Heintel, P. u. E. Krainz (2001): Projektmanagement. Eine Antwort auf die Hierarchiekrise? Wiesbaden (Gabler), 4. Aufl.

Holman, P. u. T. Devane (2002): Change Handbook. Zukunftsorientierte Großgruppen-Methoden. Heidelberg (Carl-Auer), 2. Aufl. 2006.

Huxham, C. a. S. Vangen (2005): Managing to collaborate. The theory and practice of collaborative advantage. London (Routledge).

Janes, A., K. Prammer u. M. Schulte-Derne (2001): Transformations-Management: Organisationen von Innen verändern. Wien (Springer).

Königswieser, R. u. A. Exner (1998): Systemische Intervention: Architekturen und Designs für Berater und Veränderungsmanager. Stuttgart (Klett).

Königswieser, R. u. M. Hillebrand (2005): Einführung in die systemische Organisationsberatung. Heidelberg (Carl-Auer), 2., überarb. Aufl.

Lawler, E. E. a. Chr. G. Worley (2011): Management reset. Organizing for sustainable effectiveness. San Francisco, USA (Jossey-Bass).

Lem, St. (1978): Sterntagebücher. Frankfurt/M. (Suhrkamp).

Lenglachner, M. a. G. Hüther (2013): New deep learning for the future in leadership and systemic organizational development (SOD). In: Scala, K. et al. (eds.): Leadership learning for the future. Charlotte NC (Information Age).

Lobnig, H. u. R. Grossmann (Hrsg.) (2013): Organisationsentwicklung im Krankenhaus. Berlin (Medizinisch Wissenschaftliche).

Lobnig H. u. D. Untermarzoner (2012): Führen in hybriden Organisationen: Herausforderungen für das Organization Design. *Hernsteiner* 1/2012, S. 7–10.

Lohmer, M. (2000): Das Unbewusste im Unternehmen: Konzepte und Praxis psychodynamischer Organisationsberatung. In: M. Lohmer (Hrsg.): Psychodynamische Organisationsberatung. Konflikte und Potentiale in Veränderungsprozessen. Stuttgart (Klett-Cotta), 2. Aufl. 2004, S. 18–39.

Luhmann, N. (1984): Soziale Systeme. Grundriß einer allgemeinen Theorie. Frankfurt (Suhrkamp).

Luhmann, N. (1991): Vorwort. In: D. Baecker (Hrsg.): Womit handeln Banken? Frankfurt (Suhrkamp).

Luhmann, N. (2004): Ökologische Kommunikation: Kann die moderne Gesellschaft sich auf ökologische Gefährdungen einstellen? Wiesbaden (VS).

Maturana, H. (1982): Erkennen. Die Organisation und Verkörperung von Wirklichkeit. Braunschweig/Wiesbaden (Vieweg).

Maturana, H. R. u. F. J. Varela (1987): Der Baum der Erkenntnis. Die biologischen Wurzeln menschlichen Erkennens. München (Goldmann), 12. Aufl.

Miles, R. E. a. C. C. Snow (1978): Organizational strategy, structure, and process. New York (McGraw-Hill). [Revised ed. (2003): Stanford, Calif. (Stanford Univ.).]

Mingers, S. (2010): Wie Sie Ihr Gefühlsleben und das Ihrer Mitarbeiter umsichtig managen. In: C/O/N/E/C/T/A (Hrsg.): Führung leben. Praktische Beispiele – praktische Tipps – praktische Theorie. Heidelberg (Carl-Auer), S. 146–178.

Mintzberg, H. (1992): Structure in fives: designing effective organizations. Upper Saddle River, NJ (Prentice Hall).

Morgan G. (2008): Bilder der Organisation. Stuttgart (Klett-Cotta).

Obholzer, A. (2000): Führung, Organisationsmanagement und das Unbewusste. In: M. Lohmer (Hrsg.): Psychodynamische Organisationsberatung. Konflikte und Potentiale in Veränderungsprozessen. Stuttgart (Klett-Cotta), 2. Aufl. 2004, S. 79--98.

Obholzer, A. a. V. Z. Roberts (Eds.) (2003): The unconscious at work. Individual and organizational Stress in the human services. London/New York (Routledge), 12th ed.

Prammer, K. (2009): Transformationsmanagement. Theorie und Werkzeugset für betriebliche Veränderungsprozesse. Heidelberg (Carl-Auer).

Scala, K. (1997): Intervention. In: Grossmann, R. (Hrsg.): Wie wird Wissen wirksam? (iff-texte, Bd. 1). Wien/New York (Springer), S. 118–119.

Scala, K. u. R. Grossmann (1997): Supervision in Organisationen. Veränderungen bewältigen – Qualität sichern – Entwicklung fördern. Weinheim/München (Juventa), 2. Aufl. 2002.

Scharmer, C. O. (2009): Theorie U. Von der Zukunft her führen. Heidelberg (Carl-Auer), 3. Aufl. 2013.

Schein, E. H. (1995): Kurt Lewin's change theory in the field and in the classroom. Notes toward a model of managed learning. (Invited paper for a special issue of *Systems Practice* by Susan Wheelan (ed.)).

Schein, E. H. (1999): Process consultation revisited. Building the helping relationship. New York (Addison-Wesley).

Schein, E. H. (2003): Angst und Sicherheit. Die Rolle der Führung im Management des kulturellen Wandels und Lernens. *Organisationsentwicklung* 3: 4–13.

Schulte-Derne, M. (2005): Transformation follows strategy. Transformation und Strategieentwicklung von Innen. Wien (Springer).

Seliger, R. (2011): Einführung in Großgruppen-Methoden. Heidelberg (Carl-Auer), 2. Aufl.

Selvini-Palazzoli, M. (1977): Paradoxon und Gegenparadoxon. Stuttgart (Klett-Cotta).

Simon, F. B. (2004): Gemeinsam sind wir blöd!? Die Intelligenz von Unternehmen, Managern und Märkten. Heidelberg (Carl-Auer), 4. Aufl. 2013.

Simon, F. B. (2006): Einführung in Systemtheorie und Konstruktivismus. Heidelberg (Carl-Auer), 7. Aufl. 2015.

Simon, F. B. (2007): Einführung in die systemische Organisationstheorie. Heidelberg (Carl-Auer), 4. Aufl. 2013.

Simon, F. B. (2013): Wenn rechts links ist und links rechts. Paradoxiemanagement in Familie, Wirtschaft und Politik. Heidelberg (Carl-Auer).

Simon, F. B. u. C/O/N/E/C/T/A (1992): »Radikale« Marktwirtschaft. Grundlagen des systemischen Managements. Heidelberg (Carl-Auer), 6. Aufl. 2013.

Trist, E. L. (1975): Sozio-technische Systeme. In: W. G. Bennis, K. D. Benne u. R. Chin (Hrsg.): Änderungen des Sozialverhaltens. Stuttgart (Klett-Cotta), S. 201–218.

Untermarzoner, D. (2013): Rollen und Aufgaben interner Organisationsentwicklung im Krankenhaus. In: Lobnig, H. u. R. Grossmann (Hrsg.): Organisationsentwicklung im Krankenhaus. Berlin (MWV), S. 219–246.

Weick, K. E. (1985): Der Prozess des Organisierens. Frankfurt/M. (Suhrkamp).

Weick, K. E. (1995): Sensemaking in organisations. Thousand Oaks (Sage).

Weick, K. E. u. K. M. Sutcliffe (2003): Das Unerwartete managen. Wie Unternehmen aus Extremsituationen lernen. Stuttgart (Klett-Cotta).

Weick, K. E., K. M. Sutcliffe a. D. Obstfeld, (2005): Organizing and the process of sensemaking. *Organisation Science* 16 (4): 409–421.

Welter-Enderlin, R. (Hrsg.) (2004): Rituale – Vielfalt in Alltag und Therapie. Heidelberg (Carl-Auer), 3. Aufl. 2011.

Willke, H. (1987): Strategien der Intervention in autonome Systeme. In: D. Baecker, J. Markowitz, R. Stichweh, H. Tyrell u. H. Willke (Hrsg.): Theorie als Passion. Frankfurt/M. (Suhrkamp), S. 333–361.

Willke, H. (1995): Systemtheorie III: Steuerungstheorie. Grundzüge einer Theorie der Steuerung komplexer Sozialsysteme. Stuttgart/Jena (Gustav Fischer).

Willke, H. (2011): Einführung in das systemische Wissensmanagement. Heidelberg (Carl-Auer), 3., überarb. u. erw. Aufl.

Wimmer, R. (1993): Zur Eigendynamik komplexer Organisationen. Sind Unternehmungen mit hoher Eigenkomplexität noch steuerbar? In: G. Fatzer (Hrsg.): Organisationsentwicklung für die Zukunft – Ein Handbuch. Köln (Ed. Humanistische Psychologie), S. 255–308.

Wimmer, R. (1995): Die permanente Revolution. Aktuelle Trends in der Gestaltung von Organisationen. In: R. Grossmann, E. Krainz, M. Oswald (Hrsg.) (1995): Veränderung in Organisationen. Management und Beratung. Wiesbaden (Gabler), S. 21–41.

Wimmer, R. (1996): Die Zukunft von Führung. Brauchen wir noch Vorgesetzte im herkömmlichen Sinn? *Zeitschrift für Organisationsentwicklung* 4: 46–57.

Wimmer, R. (1998): Folien »Systemische Organisationsentwicklung und Organisationsberatung. Theoretische Prämissen – Prinzipien – Interventionsrepertoire.«

Wimmer, R. (1999): Wider den Veränderungsoptimismus: zu den Möglichkeiten und Grenzen einer radikalen Transformation von Organisationen. Witten (Universität Witten/Herdecke).

Wimmer, R. (2004): Hat die Organisationsentwicklung ihre Zukunft hinter sich? In: Organisation und Beratung. Systemtheoretische Perspektiven für die Praxis. Heidelberg (Carl-Auer).

Zepke, G. (2005): Reflexionsarchitekturen. Evaluierung als Beitrag zum Organisationslernen. Heidelberg (Carl-Auer).

Zimmermann, M. E. (2009): New Public Rituals. Zur Rolle des »New Public Managements« in der staatlichen Steuerung. Heidelberg (Carl-Auer).

Über die Autoren

Ralph Grossmann, Dr. jur., Professor emer. für Organisationsentwicklung; freiberuflicher Berater, Trainer und Forscher; Gründungsmitglied der Österreichischen Gesellschaft für Gruppendynamik und Organisationsberatung (ÖGGO); Mitgründer der Fakultät für Intersdisziplinäre Forschung und Fortbildung der Universität Klagenfurt.

Günther Bauer, Dr. jur., Dr. phil., Mag. rer. soc. oec., MSc; Studium der Sozialökonomie und Rechtswissenschaften. Berufsbegleitende Ausbildungen zum Supervisor (TOPS, Berlin) und Studium der Organisationsentwicklung am IFF Klagenfurt. Geschäftsführer der Seniorenzentren Linz GmbH. Nebenberuflich tätig als Dozent, Trainer, Vortragender und Organisationsberater.

Klaus Scala, Dr. phil.; ao. Universitätsprofessor für Gruppendynamik und Supervision in Ruhe; Gründer des Zentrums für soziale Kompetenz, Universität Graz; Lehrender der Österreichischen Gesellschaft für Gruppendynamik und Organisationsberatung (ÖGGO); Lehrender im Programm »Interpersonal Dynamics« an der Stanford University, USA; Forschung und Beratung u. a. in Zimbabwe und der Mongolei.